亡国のエコ

今すぐやめよう太陽光パネル

キヤノングローバル戦略研究所研究主幹
杉山大志

ワニブックス

はじめに

「いくら論文や本を書いても世の中、変わりませんよ。研究者もアクションを起こさないと」。尊敬するジャーナリストである小島正美さんの2年前のアドバイスが心に残っています。

東京都が新築住宅への太陽光パネル義務化を進めていると聞いて、筆者は今こそ、そのときだと思い立ったのです。折しも、メガソーラーによる乱開発が全国で問題を起こして、多くの人が太陽光パネルに強い疑念を持ち始めていました。思い切って、都民の一人として東京都の小池都知事宛てに「義務化撤回の請願」を提出し、記者会見を開きました。

東京都議会議員で真っ先に義務化反対の声を上げた上田令子氏、全国再エネ問題連絡会の共同代表を務める山口雅之氏ら、多くの方々が応援してくれました。ちょうど昨日（2022年12月15日）、東京都は太陽光パネル義務付けの条例を可決しました。しかし、これで終わりではありません。条例案では、施行は2年余り後の2025年4月からとなっています。それまでには、ますます太陽光パネルの問題点が噴出しているでしょう。特に、強制労働の関与が疑われる太陽光パネルは欧米に続いて日本でも輸入禁止になるに違いありません。すると義務化は不可能になります。条例施行前に義務化を阻止することは筆者は可能だと睨んでいます。

太陽光パネル義務化の問題に特に重きを置いている理由は、もちろんこれ自体が重要な問題であることもありますが、理由がもう一つあります。それは、日本のエネルギー・環境政策の抱える大きな問題の縮図になっているということです。

菅義偉政権の「2050年CO_2ゼロ」宣言以来、日本のエネルギー政策はすっかりおかしくなりました。2050年CO_2ゼロなどにする必要もないですし、できるはずがありません。欧州はそれを目指した結果、エネルギー危機とウクライナの戦争を招いてしまいました。日本はこの教訓に学ぶこともなく、相変わらず小泉・河野両大臣（当時）が押し込んだ「再エネ最優先」を掲げ、政府は光熱費がますます高くなるような政策ばかり実施しています。

太陽光パネル論争を足掛かりにして、これまで同調圧力に支配され、「物言えば唇寒し」の状態だった「脱炭素政策」の矛盾を公けに論じましょう。日本人を不幸にし、中国を利するだけの、すっかり歪んでしまったエネルギー政策を正しましょう。高い光熱費と慢性的な電力不足に別れを告げ、安くて安定したエネルギーを国民の手に取り戻すのです。本書がそのような国民運動を起こすための、ささやかな一歩になることを祈ります。

もくじ

第2章 ウクライナ侵攻が予言する「脱炭素」の未来

第3章 プロパガンダにダマされるな！ 日本人が知っておくべきファクトフルネス

第4章 これからは脱・脱炭素だ

装丁：木村慎二郎
編集協力：猫尾筆屋

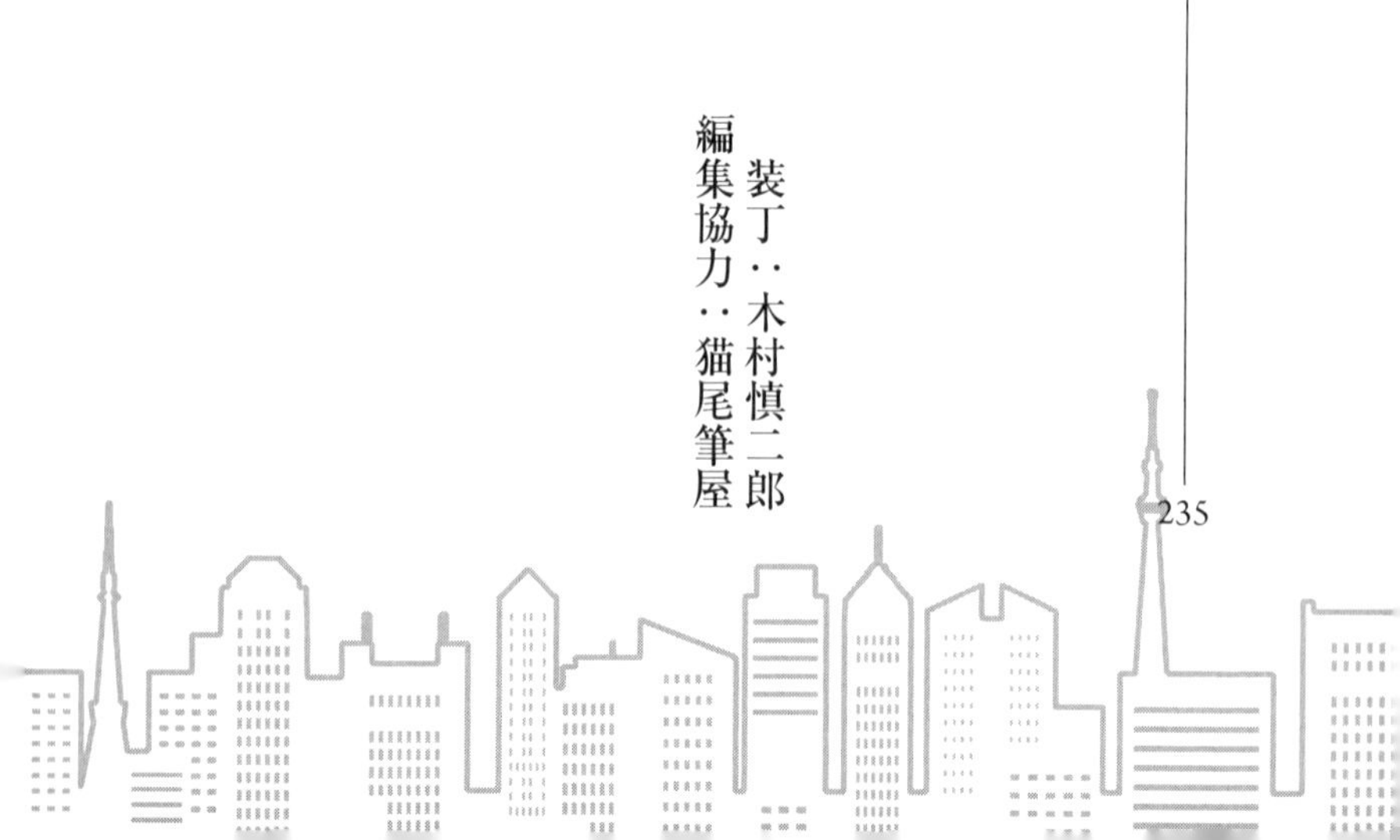

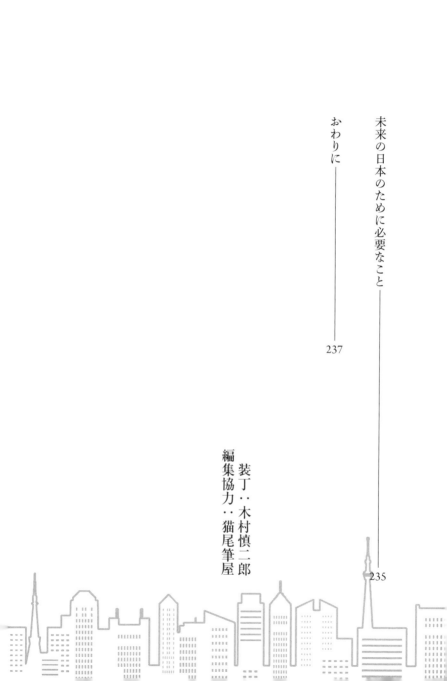

第1章

経済・環境・人権・安全保障……問題だらけの太陽光発電

「太陽光パネル義務付け」というあまりにも愚かな政策

2022年5月24日、東京都は都内の新築住宅に対し、太陽光発電パネルの設置義務付け方針を決めました。それ以降、パブリックコメントの募集が行われ、設置義務化の準備が進められました。

同年9月20日、小池百合子都知事は所信表明で「環境保護条例」の見直しを図るとし、以下のように述べています。

「住宅などの新築中小建物に対する太陽光発電の整備などを大手住宅供給事業者などに義務付ける全国初の制度を掲げました」（令和4年第3回都議会定例会）

この都議会定例会で「ゼロエミッション東京」の実現を謳い、「カーボンハーフ実現に向けた条例制度改正の基本方針」が示され、2022年12月に開催される第4回都議会定例会に条例改正案が提出され、15日に可決されました。大手住宅メーカー50社に対し、販売戸数の85％以上にのぼる太陽光パネル設置が義務化され、賃貸住宅を含む新築物件で大量に導入されることになります。

しかし今、**太陽光発電には問題が山積**しています。すでに明らかになっている問題だけでも、**経済、人権、環境、防災、国防と、幅広い分野**に及びます。

後で詳しく述べていきますが、まずは簡単にまとめておきましょう。

経済については、普及促進のための事業者や建築主への補助金の原資に加えて、既存の発送電設備への負荷という形でも、国民経済への負担が発生します。端的に言えば、太陽光パネルは「二重投資」に過ぎないので無駄が多いのです。

人権の問題としては、中国製パネルの製造にあたって、**新疆《しんきょう》ウイグル自治区の強制労働の問題**が関わってきます。これは欧米では大問題なのに日本ではまともに取り上げられていません。

環境問題も深刻で、導入が拡大するにつれ、**景観破壊、土砂災害や廃棄物などの問題**が明らかとなってきています。

防災の問題についても、水害や火事などについて、特有の危険性が知られるようになってきています。

さらに近年、政府はサイバー攻撃やテロへの対応に取り組んでいますが、外国製の太陽光発電システムは、**発送電のためのインフラに対する攻撃のリスク**を高めてしまいます。

太陽光パネルの大量導入は直ちにやめ、ゼロベースで総点検をするべきです。

筆者は東京都議会の上田令子議員（江戸川区選出）に励まされ、一都民として請願を提出しました。請願に関する東京都とのやりとりは後ほど取り上げます。多くの問題がありながら事業者や建築主に導入を強制する政策は、後々にまで甚大な悪影響を及ぼすと考えられます。

「150万円でも元が取れる」というのは本当なのか？

東京都の新しい条例では、都内の新築住宅の半数強が太陽光パネル設置義務付けの対象になるとみられます。建築主の負担はどのようなものか、国土交通省の資料を見ると、150万円の太陽光発電システムを設置しても、15年で元が取れることになっています。

その試算を紹介しましょう（次ページの表参照）。もともとはこのような分かりやすい表にはなってはいなかったので、この表は筆者が作成しました。なお、小数点以下は四捨五入して

表A 政府試算（建築主にとっての価値）

	年間発電量	発電量割合	発電量	単価	年間金額	年数	15年金額
	kWh	%	kWh	円/kWh	円	年	円
自家消費分	6132	30	1840	25	45548	15	683227
売電分（FIT 期間中）	6132	70	4292	21	90140	10	901404
売電分（FIT 終了後）	6132	70	4292	8	34339	5	171696
運転維持費					-17450	10	-174500
							1581827

表B 一般国民にとっての価値

	年間発電量	発電量割合	発電量	単価	年間金額	年数	15年金額
	kWh	%	kWh	円/kWh	円	年	円
自家消費分	6132	30	1840	5	9198	15	137970
売電分（FIT 期間中）	6132	70	4292	5	21462	10	214620
売電分（FIT 終了後）	6132	70	4292	5	21462	5	107310
運転維持費							
							459900

表C 国民の負担額（＝A－B）						1121927

太陽光発電の経済性

丸めてありますので、厳密ではないことにご注意ください。

単位はｋＷｈ（キロワットアワー）です。これは、例えば１００Ｗの電球を１時間つけると、消費電力量は１００Ｗｈ（ワットアワー）になります。１キロワット（１０００Ｗ）の電気を１時間使うと１ｋＷｈの電力量を消費したことになり、これが使用した電力量の基本単位となります。

さて、「表A」にある政府国交省の試算では、太陽光発電の年間発電量は６１３２ｋＷｈです。そのうちの約３割にあたる１８４０ｋＷｈが自家消費されます。それだけ電気を買わなくて済むということです。家庭の電気料金を１ｋＷｈ

あたり25円として自家消費量を掛けると、年間４万５５４８円が節約できることになります。

年間発電量の残りの７割にあたる４２９２ｋＷｈは、電力会社に売電します。電力会社は、最初の10年は１ｋＷｈあたり21円という高い価格で買い取ることを義務付けられているので、売電分が年間約９万０１４０円になります。11年目以降は１ｋＷｈあたり８円で買い取ってもらうことを想定して、これが年間で３万４３３９円になります。

このように、太陽光発電システムを設置する建築主は自家消費分の電気代を減らし、電力会社に売電して収入を得ることができます。トータルすると、15年で１５８万１８２７円の収入になります。

国交省による試算では、確かに１５０万円の太陽光発電システムを設置しても、建築主は元が取れそうです。しかし、家を購入する人がみな元を取れるわけではありません。

太陽光発電のためには、日当たりの良い場所で、南向きに程よい傾斜になった広い屋根が望ましいのですが、そんな家を建てる余裕がある人はどれだけいるのでしょうか。

一般の人が東京に家を買うという場合、たいていはギリギリの敷地に建蔽率《けんぺいりつ》や容積率等を考慮してパズルを解くようにして家を建てます。屋根の向きも思うに任せない、日当たりの悪いところも多いなど、普通に家を建てるだけでも建築士は頭をひねります。東京都が義務化によって条件の悪い新築物件にまで太陽光パネルの設置を強行すると、設置費用の元が取れるどころか、**建築主はかえって損をする**ことになるのです。

しかも、条件の良い家で設置して元が取れるという試算は、**一般国民の巨額の負担に依存**しています。

太陽光で作られる電気は、国民全体から見ると火力や原子力といった既存の発電方法に比べて経済性に劣ります。

太陽光発電は、日照により発電の量が左右されます。一方、産業や家庭では天気によらず、昼夜を問わず電気が必要です。太陽光パネルが発電しない夜間、あるいは日中でも発電量のほとんどない曇りや雨の日はどうするか。そんなときは、太陽光発電設備を設置している建物でも、電力会社から電気を買うことになります。しかし、その電気は火力や原子力などの既存の発電所が作っています。つまり、太陽光発電設備をいくら造っても、**太陽光パネルが発電できないときの電力供給を行える発電所が必要**なのです。したがって、その発電所の建設費と運転維持費は別にかかり、**太陽光パネルは必然的に〝二重投資〟になる**、ということです。

日本で暮らしていると、いつでもスイッチを入れれば途切れることなく電気が使えます。当然のように思われるかも知れませんが、他の多くの国では停電が多く、途上国では毎日のように停電することも珍しくありません。

また、**電気は〝品質〟も大事**です。品質とは、停電が少ないことに加えて、周波数と電圧が安定していることを指します。安定した電力を供給するためには、刻々と変わる電力需要に合わせて、遅れることなく電力の供給量を上下させることが必要です。

既存の発電所は電力需要に応じて発電し、一定の周波数を保って安定した電気を供給しています。周波数は、東日本なら50ヘルツ、西日本なら60ヘルツです。50ヘルツというのは1秒間に50回、プラスとマイナスが入れ替わる、という意味です。

日本の電気は、品質が高いことで知られています。これは**火力発電所（および水力発電所）が絶えず出力を変化させて品質を保っているおかげ**です。

こうして安定した電気が供給されているから、工場は安定して操業できるし、家庭でも不安なく電化製品を使うことができます。周波数や電圧の異なる外国で、日本の電化製品を使うと壊れてしまいます。このことからも分かるように、電気には品質が重要で、そのためには、安定した電気を供給できる発電・送電の仕組みが大切なのです。

すでに日本各地で大量に導入されているメガソーラーでは、いま頻繁に「出力抑制」が行われています。太陽光パネルは、電力需要があろうがなかろうが、日が照れば一斉に発電してしまうので、電気が余ってしまいます。そのため、余った電気は捨てているのです。電力の供給が需要量を越えてしまうと、電圧が上がったり、周波数が上がったりして、電気の品質が損なわれるからです。「電気を捨てることを回避するため蓄電池や送電線を建設すればよい」という意見もありますが、それではますますコストが嵩《かさ》みます。

また、**太陽光発電は「電力不足」という弊害ももたらしています。**

「発電」したら「電力不足」になる、というのはいったいどういうことでしょうか。

何が起きているかと言えば、莫大な補助を受けた太陽光発電が大量に導入されてきたことで、火力発電所は稼働率が低下して採算が合わなくなり、休廃止を余儀なくされました。このため、電力不足が常態化するようになったのです。この点は、後ほど、改めて詳しく取り上げて説明します。

太陽光発電システム導入のコストは建築主だけが負うわけではなく、むしろ、国民全体が負うことになります。**東京都による義務化は都民にだけ関係しているわけではなく、国民全体への負担となっている**のです。以下では、その金額を具体的に計算してみましょう。

負担のツケはすべて、一般国民へのしかかる

「１kＷの電気1時間分の発電コストを他の発電方法と比較すると太陽光発電は安い」という意見をよく聞きます。２０２０年当時の発電コストは、事業用太陽光発電で１kＷhあたり12・9円でした。資源エネルギー庁は、２０３０年には１kＷhあたり8・２円から11・８円程度まで安くなるとしています。

しかし、安くなるといっても、太陽光発電は欲しいときに発電してくれるわけではないので、実際にはあまり有り難くないのです。

実は太陽光発電は全然〝安く〟ありません。

前節で述べた通り、太陽光発電は日照に左右されるので、日照のない間は火力や原子力などの既存の発電所が電気を作ります。太陽光発電システムを導入したことで国民全体が節約でき

るお金というのは、天気のよいときに火力発電所で燃料の消費量を減らせる分だけです。

そこで、火力発電の燃料費を、太陽光発電によって発電される電気の単価とみなして、一般国民にとっての太陽光発電の価値を計算してみましょう。

経済産業省の発電コスト試算では、石炭火力とＬＮＧ（液化天然ガス）火力の燃料費は、平均して１ｋＷｈあたり5円程度としています。そこで、前節の表にある国交省による試算に従って単価を当てはめてみると、15年間の累積で国民が節約できるお金は４５万９９００円にしかなりません（表Ｂ）。１５０万円の太陽光発電システムの導入費用のうち、１００万円超は「再生可能エネルギー賦課金」や電気料金の一部として、一般国民全体の負担になっているのです。

さらに、日が照ったり陰ったりすると、太陽光発電の出力は上下しますが、これに合わせて火力発電は発電量を上下しなければなりません。これでは設備に負担がかかります。**太陽の気まぐれに合わせてオンオフを繰り返すことになるので、設備は傷みやすくなりますし、発電効率も下がります。**

太陽光発電のために新たに送電線を造れば、当然お金がかかります。通常よりも嵩む運転コストや送電線の増強などのコストを負担するのは東京都民に限りません。広く一般国民が負担することになるのです。

このように、**現行の制度を前提とした「設置者にとっての太陽光発電の価値」は、「一般国民にとっての太陽光発電の価値」とはまったく異なる**のです。

有《あ》り体《てい》に言えば、東京都の太陽光パネル設置義務付けの正体は、「東京に日当たりも良く広い家を買って、理想的な日照条件で太陽光発電パネルを設置できるお金持ちの人が、一軒ごとに一般都民・国民から百万円以上のお金を受け取って太陽光発電システムを付け、元を取る」というものです。このように負担の在り方が歪《ゆが》むのは、「再生可能エネルギー全量固定価格買取制度」（再生可能エネルギーで発電した電気を電力会社が一定価格で一定期間買い取ることを国が約束する制度）を含め電気料金制度全体が、**今のところ太陽光発電に極めて有利なように設計されている**からです。

「表B」の試算で、家庭電気料金は１ｋＷｈあたり25円だから、太陽光パネルによる発電の自家消費分まで単価を５円とすることに違和感を覚える読者もいるかも知れません。しかし、この25円という料金は、何時《いつ》でもスイッチを入れれば電気が得られるという「便利な電気」の料金なのです。

内訳としては、火力発電所があり、原子力発電所があり、送電線があり、配電線があり、その建設・維持のための費用がその大半を占めています。25円／ｋＷｈと5円／ｋＷｈの差額である20円／ｋＷｈがこれにあたります。この費用は、いくら太陽光発電を増やしたところでまったく節約できないのです。

分かりやすい例が電力逼迫《ひっぱく》への対応です。２０２２年3月22日、関東地方は危うく電力不足で停電になるところでした。このとき、関東甲信越地方の天気は雨や曇りでした。天気が悪くて、太陽光発電はほとんど発電していなかったのです。つまり、太陽光発電はまったく価値がなかったということです。晴天のときには電気を捨て、電気が必要なときでも天気次第——それが太陽光発電の〝実態〟です。

ここのところ、日本政府は夏や冬が来るたびに節電を要請していますが、産業や国民生活を委縮させ、経済成長を鈍化させる損失は甚大です。電力逼迫解消のためには太陽光パネルを増やすのではなく、需要に応じた供給ができる火力発電や原子力発電を維持・増強し、またこれら発電所から家庭までの送電線を維持していくしかないのです。

ジェノサイドへの加担を義務付ける非道

そもそも、そこまでして太陽光パネルを導入するべきなのでしょうか。太陽光発電システムの導入をめぐっては、太陽光パネルの製造にまつわる人権問題も広く認知されています。

いま世界における太陽光発電用の多結晶シリコンの80％が中国製です。２０２２年７月７日に国際エネルギー機関（ＩＥＡ）が発表した報告書では、中国での製造が８割を超えるとして、サプライチェーンの偏りが指摘されています。さらに、中国のシェアは近い将来に95％に達するとも指摘されています。

現在、中国製パネルの半分は新疆ウイグル自治区における生産であり、世界に占める新疆ウイグル自治区の生産量シェアは実に45％に達します。そして、その生産地である新疆ウイグル自治区において、中国共産党政府による人権侵害が行われていることは、国際的に認知されています。

２０２２年５月24日、米国の「共産主義犠牲者記念財団（Victims of Communism Memorial Foundation）は、中国共産党政府によるウイグル人迫害の新たな証拠として「新疆公安文書」

を公表しました。新疆公安当局のシステムへのハッキングで流出した機密文書や膨大なデータのほか、３０００人近くの収容者の写真がまとめられています。文書には収容所から逃亡しようとする者に対する射殺命令、殺人許可なども含まれます。

このジェノサイドが、政府首脳部の指示によるものであることも明らかになりました。英国とドイツの外相は中国を非難し、中国の王毅《おうき》外相に調査を要請しています。中国政府はこのウイグルでの人権侵害を「完全な嘘」と呼んで否定していますが、もはや欧米でそれを信じる国はありません。

新疆ウイグル自治区での少数民族の強制労働は綿花栽培などでも知られていましたが、太陽光パネル生産にも強制労働の関与が報告されています。アメリカのコンサルティング会社ホライゾンアドバイザリーによる報告や英語圏メディアの報道で注目を集めました。多結晶シリコン製造で世界上位の企業をはじめとする多くの中国企業が「労働者の移動」プログラムに参加していたのです。

欧米の太陽光発電関係企業は、米国の「ウイグル強制労働防止法（ＵＦＬＰＡ）」や、それに追随するであろう諸国の規制への対応を検討しています。すでに、米国の大手電力会社

「デューク・エナジー」やフランスの「エンジー」など、175の太陽光発電関係企業が、サプライチェーンに強制労働がないことを保証する誓約書に署名しました。

米国で2021年末に成立した「ウイグル強制労働防止法」は、2022年6月21日に施行されました。太陽光パネルに限らず、ウイグルで製造された製品・部品の輸入は、すべて原則禁止です。

2022年8月末には国連人権高等弁務官事務所（OHCHR）からも、新疆ウイグル自治区での深刻な人権侵害についての報告書が公表されました。国際犯罪である「人道に対する犯罪」にあたる可能性を指摘しています。これは中国の強硬な反対を押し切って発表されたものでした。

欧州においても、EUの欧州委員会は、新疆ウイグル自治区の人権侵害を念頭に、強制労働による製品をEU市場から排除するため、法制定を目指すプロセスを開始しました。EUでの検討は時間がかかりますが、2年後には法令が施行される見込みです。強制労働が関与したとされる製品は調査対象となります。調査の結果、判定が〝クロ〟であれば、欧州への輸入は禁止され、また域内での流通もできなくなるということです。

新疆ウイグル自治区での人権侵害がますます明らかになるに従い、我が国も2022年2月1日の衆議院本会議で「新疆ウイグル等における深刻な人権状況に対する決議」を採択しました。ただし審議過程での与党内の調整の結果として、「中国」「共産党」「人権侵害」「ジェノサイド」「非難」といった肝心なキーワードはことごとく抜け落ちてしまい、〝腰砕け〟の内容になってしまいました。どうにも情けない話ですが、なにも決議しないよりはよほどよかったと思うほかありません。

さて、いま東京都は太陽光パネルの設置を義務付けようとしています。これは**事実上ジェノサイドへの加担**になってしまいます。

東京都の条例施行は2025年4月、つまり約2年後となっています。しかし、世界が問題視する中、逆にその導入を義務付けるというのはどういうことでしょうか。

一般住宅への太陽光パネル義務化の話は、もともと国交省で検討していたところ、無理があるとして見送られたものです。小池都知事は、政府がやらないなら東京都がやる、という〝チャンス〟だと張り切っているのかも知れません。しかし、都知事はむしろ日本政府に対し、新疆ウイグル産製品の輸入禁止を訴えるべきです。

そうすると太陽光パネルの値段はずいぶんと高くなりますが、仕方がないでしょう。住宅用太陽光発電設備は、１９９０年代前半に登場して以来、価格が安くなり続けてきました。しかし、太陽光パネルが安くなった裏には、強制労働というおぞましい実態があったのです。それにもかかわらず、行政が国民に莫大な負担を強《し》いてまで、太陽光パネルを導入すべきなのでしょうか。

そもそも太陽光発電は本当に環境に優しいのか？

２０２０年10月、日本政府は２０５０年までに温室効果ガス排出をゼロにする「カーボンニュートラル」を目指すと宣言しました。カーボンニュートラルは、産業や国民の経済活動により人為的に発生する二酸化炭素など温室効果ガスの排出と、植林や森林管理で吸収される二酸化炭素を差し引きゼロにしようというものです。

２０２２年7月22日には、岸田文雄首相が脱炭素の経済・産業構造に転換しようとＧＸ（グリーントランスフォーメーション）実行推進担当大臣を新設し、脱炭素に向けて経済界に投資支援をすると表明しました。

その中で重視されているのが「ゼロエミッション電源」です。これは太陽光発電に限りません。太陽光発電以外にも、風力、地熱、水力、バイオマスなど、いわゆる「再生可能エネルギー」がゼロエミ電源とされます。原子力発電もゼロエミ電源に含まれます。

ただし、ゼロエミ電源として大量導入の候補に挙がりがちな太陽光発電や風力発電のような再生可能エネルギーが本当に環境に優しいかどうかには、古くから異論がありました。

実際に、再生可能エネルギー導入を推進してきたドイツでは、**陸上風力発電の生態系への影響や景観、騒音などの環境問題が顕在化**しました。風力発電設備が大型化するに従い、風車の羽根に衝突して多くの野鳥が死に、絶滅危惧《きぐ》種への重大な影響を含めて問題視されています。

太陽光パネルについては、現在、もっとも安価で大量に普及しているのが結晶シリコン方式の太陽光パネルで、この生産には大量の電力が必要です。パネルの心臓部にあたる結晶シリコンの生産過程では、**大気・土壌・水質などにさまざまな影響**が生じることが分かっています。発電に燃料は必要ありませんが、太陽光パネルの製造には大量のセメント、鉄、ガラス等の材料を投入せねばなりません。その結果、廃棄物も大量に出ます。

中国製パネルの生産量が特に新疆ウイグル自治区で多いのは、安価な石炭火力の電力と中国の「緩い環境基準」が理由です。製造時の環境負荷は、日本や他の先進各国のような環境基準が厳しい場所では、製造コストを押し上げる要因になります。日本国内では、近年になってパネルの廃棄やリサイクルをめぐっても、問題が提起されています。

再生可能エネルギーは、火力発電や原子力発電に比べ、同じだけのエネルギーを生産するために必要な設置面積がはるかに大きいため、自然生態系への介入度合いが増える側面があります。よく「メガソーラー」と言いますが、メガソーラーとは1000kW（1MW〔メガワット〕）以上の発電出力を持つ大規模な太陽光発電システムのことです。出力が1メガワットの発電所を設置するために必要な面積は、1ヘクタールか2ヘクタールぐらいです。1ヘクタールといえば100メートル四方ですから、プロ野球のグラウンドぐらいの広さになります。

つまり、**メガソーラーは広い土地を使います。農地や森林がその代償で失われ、景観は悪化します。**これまでも、事業者が説明もなしに森林を伐採してしまうなどの事例も起こっています。

地方自治体では乱開発を防ぐための規制も始まり、発電事業者と自治体や住民が裁判で争うケースが続々と起こっています。施工が悪ければ台風などで破損したり、土砂災害を起こしたりして危険です。市民団体「全国再エネ問題連絡会」がこの問題に立ち向かっています。

日本の太陽光発電能力は、すでに中国と米国に続く世界第３位の規模となり、国土面積あたりの導入量は主要国の中で最大です。それでもなお、政府は荒廃農地の転用や、耕作地に設置して農業との兼業を行う営農型太陽光発電を導入するなどの拡大を考えています。環境のためと言いながら、森林を切り拓き、本来なら農産物を生産できる土地が太陽光パネルで埋まっています。また建設のための材料の投入量も多い上に、廃棄物も大量に出ています。私たちはこのような太陽光発電の負の側面もきちんと把握しておく必要があります。

中国製メガソーラーはCO_2回収に10年もかかる

さてここまでは「太陽光発電はCO_2を出さないゼロエミ電源」の一つとしてきましたが、本当にそうなのでしょうか。というのは、いま世界の太陽光パネルのほとんどは中国で造られていますが、その**中国では、発電量あたりのCO_2排出が最も多い石炭火力発電所が中心**だからです。

米国ブレークスルー研究所の試算によると、カリフォルニアで設置される中国製の太陽光パ

新疆ウイグル自治区にある大規模な太陽電池用ポリシリコン製造工場の衛星画像。GCL Technology Holdings Limited が Zhundong Economic and Technological Development Zone (44.54° N, 90.26° E) で運営している工場。画像は Mapbox 衛星写真（https://josm.openstreetmap.de/mapsview?entry=Mapbox%20Satellite）から取得したもので、日付は 2018 年以降。米国ブレークスルー研究所報告書より。

ネルの製造時に発生するCO_2は膨大で、太陽光発電を用いてCO_2削減をしても、10年経たないと回収できない、という結果になりました。

上の中国の衛星写真はなかなかショッキングです。太陽光パネル用結晶シリコンの製造工場のすぐ隣には石炭火力発電所があり、少し離れたところには石炭を露天掘りしている炭鉱があります。中国ではこのような場所がいくつも見つかっています。明らかに、炭鉱のある場所を狙って石炭火力発電所を建て、その発電所の電気でソーラーパネルを造っているのです。ここでは強制労働も疑われています。

続いて、中国で製造した太陽光パネルが日本に設置されるとどうなるか、計算した結果を紹介します（次ページの表参照）。詳しい前提条件などはウェブ上

ラベル	用途	項目		備考
A	住宅用	製造時CO_2	2190.0	
B	住宅用	年間CO_2削減量	531.0	設備利用率13.8%、電力のCO_2排出係数は2020年の値(0.441)
C	住宅用	CO_2回収年数	4.1	C=A/Bとして計算
D	メガソーラー	製造時CO_2	3070.3	過積載率40%
E	メガソーラー	年間CO_2削減量	662.0	設備利用率17.2%、電力のCO_2排出係数は2020年の値(0.441)
F	メガソーラー	森林破壊CO_2(建設時)	604.0	2ヘクタールを想定
G	メガソーラー	森林破壊CO_2(年間)	17.6	2ヘクタールを想定
H	メガソーラー	CO_2回収年数	5.7	H=(D+F)/(E-G)として計算
I	住宅用	CO_2回収年数	7.3	電力のCO_2排出係数を2030年の値(0.250)とした。I=C･(250/441)として計算
J	メガソーラー	CO_2回収年数	10.1	電力のCO_2排出係数を2030年の値(0.250)とした。J=H･(250/441)として計算

1メガワットあたりのCO_2収支計算

の研究ノート「中国製太陽光パネルのCO_2排出量試算」(https://cigs.canon/uploads/2022/11/Solar_Panel_Sugiyama_Report_202211.pdf)に公開していますので、ここでは結果だけ紹介します。

この表では、すべて太陽光発電容量1メガワットあたりで計算しています。

まず住宅用の場合、製造時に2190トンのCO_2が発生します(A)。これを使用することで、年間531トンのCO_2が削減できます(B)。すると4・1年で製造時のCO_2が回収できることになります(C)。なおここで削減できる電力のCO_2排出係数は2020年の日本の値である0・441kg－CO_2／kWhを用いました。

次にメガソーラーの場合です。製造時に3070トンのCO_2が発生します(D)。住宅用より多く発生する理由は利益を最大化するためにパネルの量を増やす「過積載」をしているからです。これを使用することで、年間662トンのCO_2が削減できます（E）。住宅用より削減量が多くなるのはやはり「過積載」をしているからです。

他方でメガソーラーは森林破壊を起こすことがあります。ここでは1メガワットで2ヘクタールの森林が破壊されると考えます。森林は1ヘクタールあたり302トンのCO_2を蓄えており、毎年8・8トンのCO_2を吸収するものとします（F）、（G）。

こうして製造時のCO_2と森林破壊の両者を考慮すると、建設時までのCO_2を回収するのに5・7年かかる計算になります（H）。

ここまでは電力排出係数として2020年の値を用いてきました。しかし2030年の電源構成では、政府の計画値である250kg-CO_2／kWhを用いて計算すると、CO_2の回収にかかる年数は、住宅用で7・3年（I）、メガソーラーでは10・1年になります（J）。

つまり、中国製のソーラーパネルを使用すると（今の世界のソーラーパネルのほとんどは中国製です）、太陽光発電の建設時までのCO_2排出量は多大で、太陽光発電によって建設時までに排出したCO_2を取り返すためには、住宅用で7年、メガソーラーでは10年もかかる、という計算結果になりました。

以上の計算は概算ですから、もっと詰めるべきところはたくさんあります。特に、日照が悪くてあまり発電しないような場合には、CO_2回収にかかる年数はもっと長くなります。

それはともかくここで言いたいことは、パネル製造や森林破壊などによって建設時までに発生するCO_2排出量をきちんと予測し、明示すべきだ、ということです。

住宅用であれば、パネルを設置する事業者が、その義務を負うべきです。

メガソーラーであれば、個々の発電所について、それを建設する事業者が義務を負うべきです。

その上で、その事業を実施すべきかどうか、一つひとつ妥当性を検討すべきです。

もちろん、政府の「再エネ最優先」という方針のもとで実施されている太陽光発電への手厚い支援策についても、建設時のCO_2排出量を考慮して、いま一度見直すべきです。

太陽光パネルによる二次災害の恐ろしさ

太陽光パネルを設置した住宅では、地震や台風のときに心配の種が増えます。二次災害が起

こりうるのです。

太陽光パネルは、設置場所から落ちても、壊れても、電線から切り離されても、あるいは水没しても、日光が当たる限り発電を続けます。これは太陽光パネル特有のことです。普通は、漏電が起きると、それを検知する装置が作動して、送電線のスイッチが切れます。それによって発電所から送られてくる電気は遮断されるので、災害時にも感電事故が防げる仕組みになっているのです。ところが太陽光パネルにはこのような仕組みがありません。

太陽光発電設備が台風や豪雨により浸水や水没に見舞われた際には、感電の危険があります。2020年9月には、政府機関NEDO（国立研究開発法人新エネルギー・産業技術総合開発機構）の調査で、水没した太陽光発電設備に感電・漏電の危険があることが明らかになっています。これは、実際にパネルを水に沈めて実験したものですから、確かな結果です。

太陽光パネル自体が水没した場合はもちろん、そこから引き回されている電線、あるいは**パワコンといって太陽光パネルの電気を変換して送電線につなぐ装置が水没した場合も危険**があります。

太陽光パネル自体は屋根の上についているので水没していなかったとしても、パワコンは重いので、耐震上の理由から低い場所に設置されていることが普通で、水没しやすいところにあります。屋外に置くこともありますが、屋内の場合は洗面所や玄関の脇にあるブレーカー（分電盤）の近くなどに設置されます。なのでパワコンやその周辺の配線が水没すると感電の危険があるのです。

ゼロメートル地帯が7割を占める東京都江戸川区では、最大で10メートル以上の浸水が1〜2週間続く恐れがあるといいます。また、荒川と江戸川に接する江東5区は、「江東5区大規模水害ハザードマップ」によると、河川沿いの広い範囲で最大浸水が3メートル以上になるとされ、水が引くまでに2週間以上かかると予測されています。また、家屋倒壊のある激しい浸水が予測される地域もあります。感電・漏電による二次災害、感電の危険による避難・救助・復旧の遅れなどで、人命が失われる事態が想定されるのです。

洪水が起きかねない場所は、江東5区だけでなく、東京都の至るところにあります。まずは安全性の確認が必要です。水害の恐れのある地域においては、**太陽光パネルは設置を義務化するのではなく、むしろ禁止するべき**ではないでしょうか。

「太陽光パネル義務化反対」の請願を小池都知事に提出すると……

ここまで述べて来た内容を踏まえ、東京都による太陽光パネル義務化の方針に対し、筆者は一人の都民として、2022年9月20日付で小池都知事宛に義務付けを中止・撤回するよう請願書を提出しました。また、東京都議会に向けては、環境建設委員会へ同内容の請願書を提出しました。そして、紹介議員となっていただいた上田令子都議と共に、都庁で記者会見を行いました。請願の原文は次の通りです。

【小池百合子東京都知事宛請願】
新築物件への太陽光パネル等の設置義務化に関する請願書

令和4（2022）年9月20日提出
東京都知事 小池百合子 殿

杉山（すぎやま）大志（たいし）

貴職におかれましては、都民福祉と都政発展のため、日夜精励されておられると存じます。

憲法第16条及び請願法題３条に基づき、以下の事項を請願いたします。

同法第５条に則り、誠実な検討の上、私の願意への貴職のご所見を本年10月３日までに文書にてご回答ください。


（願意）

新築物件への太陽光パネル等の設置を義務化する条例改正を直ちに中止・撤回していただきたい。


（理由）

現在、東京都は新築物件の屋根に太陽光パネルの設置を義務付ける条例を検討しております。

しかし、パブリックコメントでも多数の反対意見が寄せられているように、今や太陽光発電には問題が山積しています。資料を添付いたしますので、ご参照ください。

出典：https://cigs.canon/article/20220810_6931.html

出典：https://cigs.canon/article/20220725_6883.html

以下では特に、人権、経済、防災の観点から、3点に絞って意見を申し上げます。

1　中国政府によるジェノサイド・人権弾圧への加担を都民に義務付けることにならないか。

現在、世界の太陽光パネルの8割は中国製、半分は新疆ウイグル製と言われています。国際エネルギー機関の7月の報告（https://www.iea.org/reports/solar-pv-global-supply-chains）によれば、中国製のシェアは今後更に上がり、95%にも達する見込みです。

他方で、新疆ウイグル自治区における少数民族へのジェノサイド・人権弾圧の証拠は、国際社会が認めるところとなり、ますますはっきりしてきています。先進諸国は軒並みジェノサイドを認定し非難決議をしています。国連においても、人権高等弁務官事務所が「深刻な人権侵害が行われている」などとした報告書を8月末に公表しました。
(https://www3.nhk.or.jp/news/html/20220901/k10013797911000.html)

強制労働（ジェノサイドの一部）と太陽光発電パネル製造の関係もはっきり指摘されています。(https://cigs.canon/article/20210705_6028.html)

米国では、ジェノサイドを問題視し、新疆ウイグル自治区で製造された部品を含む製品は何であれ輸入を禁止するウイグル強制労働防止法を6月21日に施行しました。
(https://www.jetro.go.jp/biznews/2022/06/bb5913bd889f6d2b.html)

かかる現状において、東京都が太陽光パネルを都民に義務付けるならば、それは事実上、ジェノサイドへの加担を義務づけることになります。だがこれは私たち都民の望むところではありません。

東京都は、太陽光パネルについて、その設置を義務付けるよりも、むしろ、米国と同様に、「新疆ウイグル自治区で製造された部品を含む太陽光パネルの利用禁止」を公共調達や事業者において義務付けるべきです。

なお、都はこれまでの事業者へのヒアリングにおいて「新疆ウイグル自治区の製品を使っていない」旨の回答を得ているとのことです。（太陽光発電設置解体新書スライド43）だが、かかるヒアリングだけではまったく不十分です。結果として都民をジェノサイド・人権弾圧に加担させた場合、都はどのようにしてその責任をとるのでしょうか。

2　国民・都民への負担が巨額に上るのではないか。

国土交通省の試算に基づけば、条件の良いところであれば、１５０万円のパネルを設置した場合、15年で元が取れるとされています。

確かに建築主は元が取れるようですが、これは一般国民の巨額の負担に依存するものです。太陽光発電による電力の本当の価値は50万円程度しかありません。残りの約100万円は一般国民の負担になります。このように負担の在り方が歪むのは、「再生可能エネルギー全量買取制度」を含め電気料金制度全体が、今のところ太陽光発電に極めて有利なように設計されているからです。だが太陽光発電の電力としての価値は、火力発電の燃料費を削減できる分だけであり、これは50万円程度にすぎません。

かかる事実が明らかになり、国民全般に負担を強要し迷惑をかけることを、東京都民は望んでいないと思います。

新築物件への太陽光パネル設置を義務付けることで、国民全般にどの程度の巨額の負担がかかるのか、東京都は明らかにすべきでしょう。

3　水害時に人命が失われるのではないか。

東京都では大規模水害が予測されています。江戸川区などでは最大で10メートル以上の浸水が1～2週間続く恐れがあると想定されています。

水没した太陽光発電設備に感電・漏電の危険があることは、政府機関ＮＥＤＯの調査で明らかになっています。

(https://www.jpea.gr.jp/news/533/)

感電・漏電による二次災害、感電の危険による避難・救助の遅れなどで、人命が失われる事態が想定される。水害の恐れのある地域において、太陽光パネルの設置を義務化すべきではなく、むしろ禁止すべきです。

以上の理由により、貴職による真摯な検討と太陽光パネル義務化の中止・撤回を求めます。

以上

太陽光パネルを導入しようとする人々、そのお金を払おうという人々は、環境のため、ひいては人のために良かれと思ってやっているのでしょう。それがかえって、国民全体に重い経済負担で迷惑をかけ、災害時には人命を奪うことになり、あまつさえ他国で行われている人権侵害に加担することを、パネルを設置した家に住むようになった後になって知るとしたら、むごいことです。

実態をよく知ってもらうことなしに人々に設置を義務付けるのは、人道的に正しいこととは思えません。

ツッコミどころ満載の東京都の主張

さて、２０２２年10月３日付で東京都から回答の文書が届いたものの、「カーボンハーフ実現に向けた条例制度改正の基本方針」と「太陽光パネル設置に関するＱ＆Ａ」、「パブリックコメントに寄せられた『主な意見』と『都の考え方』」という既出の文書を参照せよ、というものでした。

これではまったく回答になっていません。誠実さのかけらもない回答でした。そこで、筆者は、重ねてメールで質問を送ったものの、これまた同じことでした。

筆者が提出した請願書は、東京都が出しているＱ＆Ａなどの既出資料をすべて読んだ上で、要点を3点に絞って作成したものです。ここまで述べて来た通り、第1点は「人権の問題」、第2点が「経済の問題」、第3点は「防災の問題」です。

2022年8月1日付で、東京都は新築物件への太陽光発電設備設置義務付けについて、Q&Aとして太陽光発電設置「解体新書」(https://www.kankyo.metro.tokyo.lg.jp/climate/solar_portal/faq.files/factsheet.pdf)を出しています。ところが、筆者がこれまで指摘した、一般国民の巨額の負担や、江戸川区などの洪水時の感電による二次災害などにはまったく触れていません。だから、「Q&A等を見よ」などという東京都の回答は、全然、回答になっていないのです。

1点目の人権問題では、都のQ&Aの回答では次のようになっています。

「住宅用の太陽光パネルのシェアが多い国内メーカーのヒアリングによれば、当該地区の製品を取り扱っている事実はないとの回答を得ています。」

「都は、ヒアリング等を通じ、国内太陽光パネルメーカー等の状況把握に努めています。

また、業界団体である太陽光発電協会では「持続可能な社会の実現に向けた行動指針」を掲げ、会員企業、太陽光発電産業に係る事業者に人権の尊重を順守した事業活動を行うこと等を推進しています。」

（太陽光発電設置「解体新書」Ｑ25）

また小池百合子都知事は、「企業の責任ある人権尊重への継続的な取り組みを促進することが重要だ」との認識を示しました。これは９月29日の都議会第３回定例会の一般質問における自民党・川松真一朗議員の質問に対する回答でした。

東京都は右のＱ＆Ａにおいて、２０２２年９月13日に日本政府が策定した「責任あるサプライチェーン等における人権尊重のためのガイドライン」を踏まえた事業活動を推進するとしています。

ガイドラインは、企業に人権尊重責任を果たすための取り組みをさせ、投資における人権調査を行わせ、人権への負の影響を引き起こしたり助長したりした場合の救済責任を負わせ、評価や対処を説明・開示させようとするものです。東京都のＱ＆Ａは、事業者に責任を押し付ける形で設置義務化を行うと言っているに等しいのです。これは無理難題というものです。

事業者は、太陽光パネルの設置を義務付けられているので、パネルを購入しなければなりません。ところが、もうすぐ**世界市場のシェアの95％が中国製になるという状態ですから、事実上、中国製しか選択肢がありません**。それが新疆ウイグル自治区で組み立てられたものではないとしても、その**部品や材料が新疆ウイグル自治区産のものである可能性はとても高い**わけです。なにしろ、中国における太陽光パネルの半分は新疆ウイグル自治区産のものだからです。

輸入するときに、「新疆ウイグル自治区で製造された部品・材料は入っていない」という証明書を受け取るという方法がありますが、そのような証明書は発行されるのでしょうか。

あるいは、仮に発行されたとしても、それは信用できるものなのでしょうか。

なにしろ**中国は新疆ウイグル自治区におけるジェノサイドの存在自体を「完全な嘘」と呼んで否定している**のです。中国が実態把握に協力して、信頼できる証明書を発行できるとは到底思えません。

仮に証明書を受け取ったとしても、パネルを設置した後で、やはりジェノサイドへの関与があったと判明したら、どうするのでしょうか。

事業者がその責めを負って撤去するのでしょうか。

東京都が責任をとるとはこれまで一言も言っていないようですが、東京都はどうするのでしょうか。

そもそも、新疆ウイグル自治区におけるジェノサイドへの日本のマスコミの感度の低さが筆者は以前から気になっています。

中国への忖度《そんたく》なのでしょうか。

中国との商売が大事なのでしょうか。

それとも、**太陽光パネル推進のためならジェノサイドがあってもかまわないと本気で思っているの**でしょうか。

前述したように、ジェノサイドの存在はほぼ明らかです。その実態については数多くの資料や証言があることはすでに書きました。もしも一冊だけ、読みやすいものをというのであれば、清水ともみ著『命がけの証言』（ワック）を挙げます。感情を抑えた淡々とした漫画から、そのおぞましさがまざまざと伝わってきます。今こうして漫画の絵を思い出しているだけでも鳥肌が立ってきます。

さて、事業者が中国製の安価な太陽光パネルを使わず、割高なパネルを使った場合、２点目の経済の問題に跳ね返ってくることになります。パネルの値段が跳ね上がれば、建築主も元を取るどころではなく、かなりの経済負担を覚悟しなければなりません。

経済の問題に関して、「太陽光パネルを増やしたところで本質的に二重投資になり、火力発電所や送電線等への投資をまったく減らすことができない。そのため、一般国民は莫大な経済負担を付け回されることになる」ということはすでに述べた通りで、筆者は先の請願書の中で、情報源のリンク先まで示して、かなり丁寧に東京都に説明したつもりです。

一般国民の経済負担に関しては、再生可能エネルギー賦課金だけでなく、再エネに有利になっている電気料金制度など、すでに本書で述べた国民負担に加えて、東京都は太陽光パネルの設置のために補助金を拡充するとしています。これではますます一般国民・都民の経済的負担は高まります。

ところが、東京都の回答では国民・都民全般に付け回される負担についてはQ＆Aにある通り「再生可能エネルギー賦課金」だけだとしています。これは明らかに回答になっていません。筆者が指摘した点については完全にスルーしています。

けれども、これは悪意というよりは、そもそも筆者が言っている意味を担当者が理解できていないのかもしれません。もちろん、理解できなければそれでもよいなどというものではまったくありません。

3点目の防災の問題については、先に述べた水害時の感電について、都のQ&Aは次のように回答しています。

「（1社）太陽光発電協会からは、太陽光発電システムが水没・浸水した場合の感電による事故等の事例はないと聞いております。一方、接近・接触すると感電する恐れもあることから、水没・浸水した場合には、太陽光発電システムや電気設備に十分な知見を持つ専門家へ依頼することが必要です。」

（太陽光発電設置「解体新書」Q18）

このように東京都によれば、『まだ感電事故は起きていない」、「水没時には専門家を呼べ」とのことですが、大水害で周囲一帯の太陽光パネルが水没しているときに、悠長に専門家を呼んでどうなるというのでしょうか。

そして、十分に想定されている範囲のリスクであるにもかかわらず、「まだ事故は起きていない」から設置を義務付けるとは何事でしょうか。

もしもこれが原発についての答弁だったら、国を挙げての大騒ぎになることは間違いありません。例えば今、原発はテロ対策工事をしていますが、「まだテロは起きていないからテロ対策は要らない」などと発言したらメディアに袋叩きに遭うことは間違いないでしょう。

「感電の危険があるから水没時には太陽光パネルに近寄るな」という報告をしたのは経産省の外郭団体のNEDOです。東京の江東5区は、大水害を想定していざというときの避難を呼びかけています。

このように**「大量の太陽光パネルの水没が起きて感電するリスクがある」ということは、政府や自治体という公式の機関によって十分に想定されている範囲内のリスク**なのです。決して空想事ではありません。

なぜ、太陽光パネルの場合は、十分に想定されている人命のリスクを無視してでも、新築住宅への設置義務付けをしてよいのでしょうか。まったくおかしな話です。

第2章

ウクライナ侵攻が予言する「脱炭素」の未来

ウクライナ侵攻で激変した世界のエネルギー事情

2022年2月24日、ロシアがウクライナに侵攻し、それ以来、ウクライナ軍による頑強な抵抗が続いてきました。ウクライナは世界有数の小麦生産地であるため、ロシアの侵攻による作付け減少で小麦市場に与える影響が話題になりました。

一方、ウクライナに侵攻したロシアは、原油と天然ガスの一大生産地です。このため、**ウクライナ侵攻は世界のエネルギー事情に大きな影響を与えています**。

ロシアのウクライナ侵攻後、欧州はロシアに経済制裁を科し、化石燃料輸入を数年かけて段階的にやめるとしました。ところが、あべこべに、プーチン大統領に〝ガスの元栓〟を閉められてしまいます。

ロシア国営のガスプロム社は、2022年6月にドイツとの間を直結する海底パイプライン「ノルドストリーム」の供給量を大幅に絞り、7月以降は供給を停止してしまいました。ロシアは「欧米の経済制裁によって技術的な問題が生じ、欧州へのガス供給ができなくなった」としていますが、欧米諸国の誰もが、これは**ロシア側の意図的な供給停止**だと見ています。

その後、一部供給が再開されたものの、9月にはロシアが「経済制裁が解除されるまで欧州向けの全面再開はしない」と表明しました。さらにその後、このパイプラインは爆破され、配管は海水に漬かって、4本あるうちの3本は使えなくなってしまいました。NATO（北大西洋条約機構）側はロシアによる犯行だと見ていますが、犯人は特定されず今でも調査が続いています。

欧州は日本よりも北に位置していて、イタリア南部でも緯度は北海道と同じです。地中海沿岸部であれば北海道よりは温暖ですが、それよりもずっと北に位置するドイツであれば、冬は日照時間も短く、寒さは厳しいものとなります。

ロシアのガス供給が得られないとなって、欧州各国は冬を乗り切るためにガスの調達に必死になりました。アメリカからは液化天然ガスを大量に輸入し、中国からも買い付けました。中国産といっても、実はロシア産の天然ガスを産地偽装して輸出しているようです。

どれほどの高値でも欧州がガスを購入するのは、来たる冬に備えてガス貯蔵所を満タンにしておくためです。欧州には、3カ月分のガスを貯めることのできる地下の貯蔵所があります。

この結果、2022年が暖冬ならば何とかなりそうな量を確保できたとされています。しかし、もしも欧州が寒波に襲われて厳しい冬になれば、ＥＵ域内で供給制限が起こりかねない状況です。

また、次の冬はもっと厳しくなるとみられています。２０２２年は、まだ春から夏にかけてはロシアからのガスが供給されて地下に貯蔵されていましたが、２０２３年にはそれもほとんどゼロになると見込まれるからです。

欧州では、家庭の暖房はガスを使うのが普通です。加えて、工場でも、日本は石油を使うことが多いのですが、ヨーロッパはガスの使用が基本です。そのため、**ガス不足は家庭だけでなく、産業をも直撃**するのです。

欧州は発電の主力もガス火力です。このため、ガス供給不足を受けて、電力価格も上がりました。

イギリスの家庭では、このままでは光熱費が倍増し、世帯あたりで年間60万円になるとされています。エネルギーを多く消費する非鉄金属産業や肥料産業は操業を控え、生産量が大幅に低下しました。温室における野菜栽培なども採算が合わないので、停止しています。

エネルギー価格暴騰の影響を受けて、インフレ率も高くなっています。欧州全域でインフレは年率10％近くなっており、すでに年率10％を超えたイギリスでは、２０２３年はじめには年率20％近くになるのではないかとの見通しもあるほどです。

欧州各国政府は、数十兆円という水準の公的資金を投入し、光熱費の軽減を行う構えです。これは家庭や工場が購入する燃料価格に上限を設定し、本来の市場価格との差額を補填《ほてん》するなどの措置です。ところが、これはまた新たなリスクを生みます。

巨額の公的資金投入により政府の債務が膨らめば、イタリアなど財政の脆弱《ぜいじゃく》な国では信用不安を引き起こしかねません。２０２２年7月に起きたスリランカの経済崩壊とデフォルトは記憶に新しいところですが、同様なことが欧州で起きれば世界経済に重大な影響を及ぼします。

イギリスではスキャンダルで失脚したボリス・ジョンソンの後任にリズ・トラスが首相として選出されました。しかし、経済対策に失敗してポンドの急落を招き、着任から僅か45日で失脚してしまいました。

「大幅な減税策がインフレ懸念を招いた」という報道がありましたが、**実は光熱費軽減のための莫大な補助金こそが問題**だったとの指摘があります。補助金の原資として大量の国債の発行を計画したことで、債権市場で引き受けられる見込みが立たず、国債が暴落するリスクがあったとのことです。結局、トラスの経済対策はすべて撤回されました。

エネルギー価格高騰への経済対策が、政権を転覆させてしまうということが、イギリスのような豊かな国でも現実に起きたというわけです。

今、多くの国々で、このままエネルギー不足が続くと、価格高騰の影響を抑えきれず、深刻な景気後退が始まる恐れがあります。

あるいは、インフレ対策で金利を上げても、国民経済に大きなダメージを与える可能性があります。

２０１９年の年末から始まった新型コロナウイルス感染症の世界的流行で、各国政府は民間の経済活動を厳しく制限する一方で、財政出動を増やし金融緩和をすることで、何とか経済の崩壊を防いできました。コロナの流行が一段落したことを受けて、各国政府は財政や金融政策の正常化に向かおうとしていたのですが、ロシアのウクライナ侵攻でエネルギー危機が到来したことにより、舵取りが一気に難しくなりました。

金利引き上げにより経済がハードランディングを起こせば株価の暴落を招いたり、資金繰りが悪化した企業の倒産が相次いだりすることも考えられます。これでは、経済は大混乱に陥ってしまいます。

すでに**日本もエネルギー危機の渦中**にあります。**日本の電力供給は、およそ7割が火力発電**です。天然ガスが3割を占め、石炭火力が約26%です。日本は、ロシアのサハリンからの石油・ガス供給を受けてきました。対ロシア制裁で欧米側に立つ日本に対し、ロシアからの揺さぶりはありましたが、今のところ輸入は継続できる見込みです。しかし、これも国際政治に翻弄されて、いつ供給が途絶するか予断を許さなくなっています。

ロシアに対日輸出継続の意図があるとしても、経済制裁で欧米企業がロシアから撤退している現在、何らかの技術トラブルが起きたときに対処ができず、供給が止まってしまう恐れもあります。

石油やガスの採掘というとローテクのイメージがあるかもしれません。たしかに100年近く前の石油採掘の映像を見ると、何百本もパイプを地面に打ち込んでいるうちに、いきなりバーッと石油が地下から噴き出してくる、というシーンがよくあります。ほとんどバクチのようなもので、「ヤマ師」の世界でした。

ところが、現在はまったく違います。まず地下の状況を地震探査や音波探査などで精密に調べます。採掘時には複雑な制御が可能なドリルを使い、油やガスを最大限採掘できるように、地下を何キロも水平に掘り進んでいきます。いずれもハイテクの塊なので、欧米の巨大石油・ガス企業（メジャー）やそれを支えるエンジニアリング会社の技術者の集団がいないと、うまく使いこなせないものです。

ロシアの油田・ガス田も、かつてはヤマ師でも掘れるような単純な世界でした。しかし今ではそのような安直な資源は枯渇して、ハイテクがないと掘ることができなくなるものしか残っていません。しかも、採掘現場は北極圏や海底など、自然条件も厳しい場所が多くなっています。このため、このまま経済制裁が続くと、徐々に外国の技術者や部品が不足していって、石油・ガスの生産量は徐々に落ちてゆくと見られています。日本へのガス供給もそのようにして減るかもしれません。

他方では、**資源国であっても、自国のエネルギー確保を優先し、輸出を制限する可能性**があります。日本で消費する天然ガスの4割を頼っているオーストラリアでも、国内でのガス不足・ガス価格高騰に対応するため、2022年8月にはLNG輸出規制を検討していると報道されました。幸いにして、日本は長期契約を結んでいることもあり、また日豪両国の政府が速やかに対話を行ったので、今すぐには影響を受けないで済みました。しかし今後、他の資源国でも似たような騒ぎが起こり得る、ということです。

エネルギー価格の高騰だけでも大変ですが、エネルギーの供給量が大きく減少するとなると、その経済的な悪影響はなお一層甚大なものになることが予想されます。

プーチンを〝暴走〟させた「脱炭素」

世界の先進諸国は、冷戦の終結後30年間にわたり、熱心に地球温暖化問題を議論してきました。１９９７年には日本で京都会議が開催され、先進国に温室効果ガス削減を義務化した京都議定書が合意されました。２０１５年のパリ協定では産業革命前からの気温上昇を２℃に抑制するという世界共通の目標が合意されました。

そしてここ数年、先進国、なかんずく欧州では、脱炭素政策が採られるようになりました。この結果、**石油・ガス・石炭といった化石燃料への開発投資は停滞**し、２０２１年には欧州でエネルギーが不足し、価格が高騰していました。それに加えて、ウクライナでの戦争が勃発し、ロシアからのエネルギー供給が激減したのです。

欧州のエネルギーは、ロシアに強く依存していました。**2021年時点で、EU諸国の天然ガスはロシアからの輸入が45・3%**を占めていました。ドイツでは脱炭素だけでなく脱原発も進めてきましたが、それによって不足するエネルギーを賄うため、天然ガスの輸入に頼っていたわけです。

脱炭素に邁進した欧州では、ロシアからガスを輸入する一方、石炭火力は縮小されました。脱炭素の政策優先順位が上がり、足下に埋まっている石炭やガスを開発することもありませんでした。

在来型のものとは異なる新しい天然ガスであるシェールガスは、アメリカでは技術開発が進み、投資ブームが起こり、アメリカはそれまでの輸入国から転じて世界一のガス大国になりました。それを受けて、2011年頃からポーランドやハンガリー、ルーマニアなど東欧では、シェールガスの試掘がブームとなりました。

かつて旧ソ連の衛星国だった東欧は、まだ一部ではロシア産ガスへの依存度が高く、シェールガスブームはロシアへのエネルギー依存の低減という面で歓迎されたのです。ところが、

２０１５年に開発企業が相次いで撤退し、ポーランドでは莫大な投資を行ったにもかかわらず商業化ができませんでした。資源の賦存《ふぞん》状況が思ったほどよくなかったという点もありますが、環境規制も大きな理由だったようです。規制や税制、採掘に必要な水圧破砕技術の禁止・停止のほか、環境保護を訴える抗議活動も影響したと言われています。

欧州、なかんずくドイツのロシアへの傾斜を、アメリカは苦々しく思っていました。２０１９年2月、ドイツによるロシア産ガス輸入を拡大する新パイプライン「ノルドストリーム２」計画に対し、アメリカのトランプ政権は「安全保障上の大きなリスク」だと反対しました。

ＥＵ内でも加盟国間の対立が表面化していました。ドイツは安いロシアのガスが欲しかった。けれども、ドイツ以外の国は反対したのです。特にこれまで別ルートのパイプラインでガスの通行料を徴収して潤っていたウクライナやポーランドは、その利益が失われるとして、大反対でした。

「ノルドストリーム２」が稼働する以前の２０２０年において、ドイツのロシア産天然ガス依存度はすでに49％に達していました。２０１４年のロシアによるクリミア併合に対して、ドイツは一応は経済制裁を科したことになっているのですが、実態としては、まったくおかまいなしにロシア依存を高めてしまっていたのです。もしも「ノルドストリーム2」が稼働すれば、この依存度は70％を超える見込みでした。

この状況を見た**プーチンは、欧州の経済制裁などたかが知れていると読み、2022年にウクライナ侵攻に踏み切りました**。プーチンは、欧州が自ら作り出した脆弱性を突いたのです。

このように、ウクライナの戦争が起きた大きな理由の一つは、欧州のエネルギー政策の失敗にあるわけです。脱炭素ばかりを追い求めたものの、再生可能エネルギーだけで足りるはずもなく、実態としてはロシアのガスへの依存をどんどん高めて、エネルギーの安定供給という根本がお留守になっていました。

ところが、欧州諸国の政府は、今のところ、エネルギー政策が過っていたことを認めておらず、脱炭素という看板も下ろしていません。それどころか、ドイツなどは「化石エネルギーに頼ってきたことが誤りだった。今後は再生可能エネルギーをさらに推進する」などとしています。これではますます高コスト体質になり、エネルギーの安定供給が脅かされることは目に見えています。

それに**太陽光発電も風力発電も電気自動車も、中国依存を高めるだけ**です。対ロシア依存を減らすためとして対中国依存が高まるのでは意味がありません。

欧州の「ロシア中毒」はウクライナでの戦争の原因になったわけですが、では、欧州の「中国中毒」はこれからいったい何の原因になるのでしょうか。

台湾海峡での戦争でしょうか。

あるいは、**中国による日本の属国化**でしょうか。

東アジアで中国と台湾、あるいは中国と日本の対立が激化したときに、欧州はどちらの味方になるのでしょうか。

欧州は中国との経済関係を断ち切って、敢然と自由陣営側にとどまってくれるのでしょうか。その決意が疑われるとき、台湾も日本も一段と危うくなります。これがウクライナ戦争から学んだ〝教訓〟なのです。

欧州諸国がこれまでのエネルギー政策の誤りを認めないのは、今の政権がいずれも２０２１年の末まではネット・ゼロ（欧州では脱炭素のことをこう言います）を掲げていたからです。急に前言を翻すわけにはいかないので、今のところはエネルギー危機をすべてプーチンのせいにしています。つまり、「エネルギー危機はすべてプーチンという一人の人物のせいで起きた」

というわけです。

しかし、エネルギー価格の高騰はウクライナでの戦争以前の2021年からすでに始まっていました。そのことからも明らかなように、今のエネルギー危機も本質的には欧州のエネルギー政策の〝大失敗〟が招いたものだったのです。

欧州は今はまだ誤りを認めていませんが、いくら威勢よく再生可能エネルギー倍増などと言っていても、ネット・ゼロ政策の破綻は今後ますますはっきりしていくでしょう。方針転換せざるをえないときが来るのはそう遠くないと思います。

「最大のリスク」を見誤った金融機関の罪

ここ数年、先進国の政府は、CO_2を理由に国内の化石燃料事業を痛めつけ、海外の化石燃料事業への支援を止めました。このため、先進国の企業は、世界中の化石燃料事業からかなり撤退しました。その結果どうなったかといえば、OPECとロシア等の産油国連合であるOPECプラスの石油・ガスによる世界市場支配力がますます増大することになりました。

このような、先進国のエネルギー供給を脆弱にするような政策に、金融機関も加担してきました。ここ数年、金融業界では環境問題が流行してきました。**キーワードは「気候危機」「脱炭素」「SDGs」「ESG」「ネット・ゼロ」**といったものです。

「気候危機」は、従来使われていた「気候変動」をより緊急性の高いものとして表現したもので、よく言われるのは「気温の上昇は環境破壊や自然災害、異常気象、食料不安と水不足、経済の混乱、紛争やテロを助長している」というものです（国際連合広報センター「気候危機――勝てる競争」）。

「脱炭素」と「ネット・ゼロ」は前章で述べた通り、温室効果ガスの排出量を吸収や除去によって「正味ゼロ」にすること、「ＳＤＧｓ」は環境問題、差別や貧困・人権問題などの課題を解決する世界の変革を目指す考え方です。

「ＥＳＧ」は環境への配慮、多様性や男女平等といった社会への取り組み、情報開示や法令順守などガバナンスといった言葉を組み合わせたものです。特に投資において、業績や財務状況ではなく企業の社会的取り組みを考慮して投資先を選ぶ「ＥＳＧ投資」という考え方があります。

さて、２０２１年末のグラスゴー国連気候会議（ＣＯＰ26）では「ネット・ゼロのためのグラスゴー金融同盟」（ＧＦＡＮＺ）が結成されました。世界の金融機関が一緒になって「ネット・ゼロ」のために協力しましょうという動きです。立ち上げの中心人物は、アメリカの投資会社ゴールドマン・サックス出身のマーク・カーニーで、カナダとイギリスの中央銀行総裁を歴任した金融界の大物です。

現在、ＧＦＡＮＺには世界45カ国、５００社以上の金融機関が参加しています。ＧＦＡＮＺに参加した世界の主要な金融機関は、こぞって投融資のポートフォリオにおいて２０５０年までにCO_2排出をゼロにすると宣言しました。

シミュレーション計算を使って、英国の中央銀行であるイングランド銀行は、英大手金融機関の気候変動リスクを測るストレステスト（健全性審査）を実施しています。最悪の場合、２０５０年までの累計で３３４０億ポンド（約53兆円）の気候変動関連の損失が生じるとの推計が示されました。

しかし、このシミュレーション計算はどのようなモデルに基づいているかといえば、心許《こころもと》ないものです。そもそも、過去の再現すら、ろくにできておりません。ほとんどのモデルは、過去の大気（対流圏）の気温上昇を過大評価しています。過去の海水面の温度上昇についても、モデルは、観測値の倍ぐらいのスピードで熱くなってしまっています。

それから、シミュレーションではさまざまな異常気象の増大や被害の増大ということが言われていますが、観測ではそのようなことは一切起きていません。台風やハリケーンも含めて、「自然災害の激甚化」などということは、まったく起きていないのです。

世界の金融機関が**ほとんどありもしない「気候危機」を世界の金融システムにおける最大のリスクだと思いこんだ結果、**どうなったでしょうか。

先進国のエネルギー供給が脆弱になり、中でも欧州がロシア依存になったことにプーチンが乗じ、ウクライナでの戦争を招いてしまいました。これ自体が相当に破局的な結末でしたが、この後にも、エネルギー危機、インフレに続いて、諸国の政治不安、世界経済のハードランディング、といった巨大なリスクが続いていきます。

ロシアのウクライナ侵攻後、ロシア・中国と西側諸国の政治的・軍事的緊張や対立の表面化は「新冷戦」と呼ばれるようになりました。これは今後いつまで続くか分かりません。

あるいは、ウクライナでの戦争がエスカレートすれば、核戦争や第三次世界大戦といったさらに恐ろしいリスクになるかもしれないのです。

実際に、2022年11月15日、ウクライナ国境に近いポーランド東部にミサイルが着弾し、2人の犠牲者が出たことで緊張の糸が張り詰めるようなことも起こっています。

金融機関は、こういった巨大なリスクについてこそ、2021年までに対応すべきだったのではないかと筆者は考えています。

ロシアのガスへの過度の依存に警鐘を鳴らし、EUのエネルギー安全保障強化に向けての投資を促すべきでした。EUは自らの足下にある石炭やガスを採掘し、原子力の稼働を進め、米国からの液化天然ガスを輸入するべきでした。

そういったことに、金融機関がファイナンスすべきだったのです。そのためには、急進的な環境運動に対しては、むしろ抵抗すべきでした。

しかしながら多くの金融機関は、相変わらず今でも気候変動リスクを声高《こわだか》に語り、投融資先に化石燃料事業から撤退するように圧力をかけ続けているのです。

これではますます、先進国のエネルギー供給を脆弱にしてしまい、ひいては経済を痛めつけることになります。さらには、エネルギー大国であるロシアに力を与えます。のみならず、**先進国の自滅によって、中国が世界の覇権を握る**かもしれないのです。

金融機関は、金融システムにとって、そして世界にとっての本当のリスクは何か、よく考え直すべきではないでしょうか。

曲がり角に立つＥＳＧ投資

日本ではまだＥＳＧ投資についてはあまり悪い話を聞きませんが、実は米国ではかなりの非難にさらされています。

非難の第一は、そもそも収益率が低いということです。本来は、ＥＳＧ投資というのは、長期的な視点から環境などのリスクを考慮するが故に、収益率は良いはずだ、という話でした。

ところが、石油やガスなどの化石燃料資源を投資対象のポートフォリオから外したために、ここ1、2年の間のＥＳＧファンドの収益率は低くなってしまいました。この間、ＥＳＧと全然関係のないごく普通の株価指数連動型のインデックス・ファンドや、好調な化石燃料産業を組み入れたファンドの方が収益率が高くなったのと対照的でした。

同じことが軍事関連株でも起きました。ＥＳＧ投資で軍事関連株を外したファンドは、やはり収益率が低くなりました。軍事関連株については、「正義のための戦争であればESGから外すのはおかしい」として、慌ててESG投資に組み込むことにしたファンドもありました。このあたり、ESGというのは相当に〝ご都合主義〟であることが垣間見える話です。

第二の非難は「左から」のもので、ESGファンドといっても、**実態は普通のインデックス・ファンドとほとんど変わらない、見せかけに過ぎないのではないのか**、というものです。

実際に投資先を見てみると、たいていはGAFAなどの大手IT企業が並んでいます。一部のエネルギー事業者が外れているだけで、実態としては単に儲かるところに投資しているだけだ、ということです。しかも、ESGだとファンドへの投資のための手数料は高くなりますので、ファンド運営者は儲かる一方で、投資家はただ損をしているだけになります。

「グリーンなフリをするファンドは「グリーン・ウオッシュ」と呼ばれて非難されています。家を新築する代わりに白いペンキを塗って新築のフリをするのを英語では「ホワイト・ウオッシュ」というのですが、そのもじりです。

第三の非難は「右から」のもので、ESGという名目で、**本来価値中立であるべきである金融の世界に左翼的な思想が入り込むことはけしからん**、というものです。

米国には強固な保守層がいて、彼らは政府の介入におしなべて反対し、個人の権利や財産を守ることを重視します。何に投資するかというのは彼らの自由であるはずなのに、年金に預けるとそれが勝手にＥＳＧ投資に組み込まれ、左翼的な発想で投資先を決められる、というのは我慢ならないわけです。

特に米国では化石燃料が主要な産業である州がいくつもあります。米国は世界一の石油生産量とガス生産量を誇ります。石炭埋蔵量も世界一です。

ところが、それらの州の年金基金を運用している金融会社が、社の方針でＥＳＧを重視することになり、化石燃料産業には投資しないなどと言い始めました。すると、怒った州知事たちが連名で「そのような金融会社にはもう州のお金を預けない」という公開書簡を出しました。州の人々の年金を預かっておきながら、その州の主要産業に投資しないという敵対的な行為をするのだから、州知事たちが怒るのはよく分かります。

米国の保守派シンクタンクでハートランド研究所というところがあるのですが、ここでは「ストッピング・ＥＳＧ」という反ＥＳＧ活動のキャンペーンを張って情報交換をしています。

このように**右からも左からも攻撃されているＥＳＧ投資**は、明らかに曲がり角に来ているのです。

「左」の言うことを聞いて、グリーン・ウオッシュを徹底的に排除すれば、ＥＳＧ投資の収益率はますます下がってしまいます。そうなると、これまで集めてきた巨額の資金はどこかに雲散霧消してしまうでしょう。儲からない限り、誰も投資しません。年金基金だからといって、儲からなくてよいというわけではないのです。基金の運用者は、その基金を積み立てた人々に対して受託者責任があるので、年金が支払えなくなるような運用は禁止されています。

だからといって「右」の言うことを聞いて、「化石燃料産業も軍事産業もＯＫ」としてしまえば、今度は「それではＥＳＧではない！　グリーン・ウオッシュだ！」と「左」から非難されます。金融機関としてはＥＳＧを推進することで環境に優しいイメージを出そうとしていたのに、これではかえって悪者になってしまいます。いったん執拗なキャンペーンの対象になると、大手企業でも潰れることがあります。かつて米国のモンサントは遺伝子組み換え技術で世界のトップ企業でしたが、同技術への執拗な反対運動で名声を奪われ、買収されて消えてしまいました。

「右」からの攻撃を交わし、「左」からの非難を避けて、しかも収益率を保つという離れ技が果たしてできるのか。これができなければ、ＥＳＧ投資は消滅に向かうことになります。

開発途上国を蝕む「気候植民地主義」

「SDGs」は「持続可能な開発目標」と言われ、17項目の目標が掲げられています。**貧困や飢餓をなくし、健康と福祉、質の高い教育を提供しようといった内容**や、**安全な水とトイレを世界中に普及**するなど、**開発途上国にとって重要な項目**が多く盛り込まれています。

エネルギーについては、17項目の目標の一つとして「すべての人々の、安価かつ信頼できる持続可能な近代的エネルギーへのアクセスを確保する」と謳われています。

「世界の誰一人として取り残さない」という理念を掲げるSDGsですが、ウクライナの戦争に端を発したロシアからのガス供給不足は、途上国にまで波紋を広げています。

冬季の停電を避けるため、ドイツをはじめ欧州諸国は液化天然ガスや石炭など、これまで忌み嫌っていた化石燃料の調達に躍起になりました。また、石炭火力発電所を可能な限り稼働させる手配をしています。欧州各国が世界中で資源を買い漁ることになり、世界のエネルギー価格が暴騰しています。この**煽りを最も受けているのは、貧しい国々**なのです。

化石燃料資源を持たない途上国は、いま悲惨な状態になっています。

2022年7月にスリランカの経済が破綻し、大規模デモが起きて政権が転覆したことには、いろいろな原因が挙げられています。対外債務が積み上がり急激に外貨が不足したことや、産業・農業政策での失敗など数々の失政が重なった結果ですが、とどめの一撃となったのは世界的なエネルギー価格の高騰でガソリンが輸入できなくなったことです。

議会で首相が国の破産を宣言すると10万人規模のデモが起き、失政に怒った人々が大統領府になだれ込む事態となりました。ゴタバヤ・ラジャパクサ大統領はモルディブに逃亡した後、辞任を表明しました。

スリランカだけではなく、いま世界の多くの国で、**エネルギー価格の高騰によって、貧困がますます悪化**しています。パキスタンなど南アジアの諸国では、価格高騰のせいで発電用の天然ガスを買うことができなくなり、停電が続いています。

途上国でのエネルギー危機は、単にウクライナの戦争のせいだけではありません。「脱炭素」を掲げる欧米の圧力により、化石燃料事業への投資が世界的に停滞していたことが積み重なって、今日の破滅的な状態を招いています。

米国ブレークスルー研究所のビジャヤ・ラマチャンドランは、学術誌『Nature』誌上で悲痛な叫びのような論文を発表しています。

先進国の国際援助において、気候変動対策をすべての融資の中心に据えるという近年の方針について、**偽善であり、二枚舌だとして、猛烈に抗議**したのです。途上国の化石燃料利用については海外支援の対象から排除しながら、先進国自身は脱炭素と言いつつ天然ガスの利用を続け、石炭火力発電所を稼働させているからです。さらにラマチャンドランは続けます。ＥＵは、自らがガスを使いたいがために「クリーンエネルギー」の定義を天然ガスにまで広げるということをやっておきながら、途上国のガス開発については海外支援対象にしていない。これは**「アジアやアフリカの人々にとって、〈化石燃料が〉事実上禁止されている」**ことになるとして批判しています（『Nature』２０２１年４月20日）。

さらに、ラマチャンドランは北欧・バルト諸国についても、最貧国に対して、「スマート・マイクログリッドやグリーン水素などの再生可能技術に限定して融資を行う」と発表したことは「偽善」だと言い切っています。なにしろ、自分たちはといえば、化石燃料と原子力のおかげで豊かに暮らしているわけですから。

開発途上国は、気候危機説を信奉する先進国のエリートたちによって、化石燃料のない「貧困に満ちた未来」への道を強制的に歩まされていると言えます。

植民地主義の研究者で哲学者のオルフェミ・O・タイウォは、この現象を「気候植民地主義」と呼んでいます。それは「貧しい国の資源を搾取したり、主権を損なったりするような気候変動対策を通じて、外国による支配を強化すること」と定義されています。タイウォは、脱炭素を押し付けることで、貧しい国々に対する大国の支配が固定化され、強化される恐れがあると警鐘を鳴らしています（「The Green New Deal and the Danger of Climate Colonialism」https://slate.com/technology/2019/03/green-new-deal-climate-colonialism-energy-land.html）。

経済成長には安定したエネルギー供給が必須です。それは**石炭、石油、天然ガスといった化石燃料**によってその大半が賄われてきました。化石燃料は、欧州、米国、日本、中国、いずれの工業化にとっても必要不可欠でした。

しかし、いま国際機関とG7先進諸国の主要な金融機関は、CO_2排出を理由に、開発途上国の化石燃料事業への投資・融資を停止しているのです。これは開発途上国の経済開発の芽を摘むものにほかなりません。

実は、日本もこれに加担しています。2022年6月22日、日本の外務省はバングラデシュとインドネシアに対する政府開発援助（ODA）による石炭火力発電事業支援の中止を発表しました。CO_2の排出が理由であり、G7の意向に沿った形です。

ところがちょうどその同日、夏の電力不足に対応するため、停止していた火力発電所の再稼働を日本は急いでいる、とのニュースが流れました。千葉県の姉崎火力発電所5号機、愛知県の知多火力発電所5号機などです。

自分の国で電力不足になると火力発電に頼る一方で、途上国の火力発電所は見捨ててしまうというのは「二枚舌」と言われても仕方がないでしょう。そこに道義はありません。日本では近年、電力不足が問題になっているのは事実ですが、バングラデシュほど慢性的に電力が不足し、停電が頻発して、経済に甚大な悪影響を及ぼしているわけではないのです。

「化石燃料」を禁じられた開発途上国の悲劇

開発途上国の化石燃料利用を禁止した上で、これからは経済開発を再生可能エネルギーで実現しろと命じるのは、発電技術の物理的現実を無視しています。のみならず、何十億人もの貧困の存在を放置してよいという、恐るべき傲慢さを示すものです。

サハラ以南のアフリカでは、6億人が電気を持たず、8億9千万人が薪炭や動物のフンなどの伝統的燃料で調理をしています。調理用の化石燃料を利用できる人は僅か14％です。

実は、アフリカには膨大な天然ガスがあります。600兆立方フィートの天然ガスが埋蔵されており、その3分の1はナイジェリアにあるのです。これはアフリカのために開発すべきであり、先進国は全力で支援するのが道義です。

経済開発のためには、各国政府はエネルギーインフラに大規模な投資を行う必要があります。発電、送電、道路、冷蔵施設等に対する投資を行えば、企業は多くの優れた雇用を創出し、生産性を高め、幸福と人間の尊厳を高めることができるのです。

これは貧しい人々にとっての、自然災害への防災を助けることにもなります。教育、医療、住宅へのアクセスが改善された人々は、干ばつや台風にうまく対処できるようになるからです。

実際に、世界の自然災害による死者数は、過去100年間に激減しました。今後、気候変動が起きるかどうかはともかく、今すぐにでも起きうる災害に備えることがまずは優先事項で、気候変動への適応ということも、その延長線上以外にはありえないのです。

化石燃料は農業にとっても必須です。**アフリカの単位面積あたりの作物収量は、アジアの10分の1**にとどまっています。この収量を上げ、一定の耕作可能な土地でより多くの人々を養うためには、アフリカの農家はより多くの肥料を使わねばなりません。化学肥料の標準的な製造方法は、天然ガスを燃料とするものです。

同様に、大規模な灌漑《かんがい》にも化石燃料が必要です。それにより、より少ない土地でより多くの人々に食料を供給し、森林破壊を減らし、近代農業への移行を可能にすることができます。

化石燃料はあらゆる経済開発の動力です。道路の建設、食料やワクチンなどの医薬品を保存するための冷蔵システムの構築に必要です。人々が地方都市から都市へ移動するためのガソリンの供給も必要です。

19世紀に大陸横断鉄道が誕生したとき、アメリカは先住民から奪った土地を鉄道会社に与えました。同様に地球温暖化への対応も、新たな政策の実行のために広大な土地を使用することがあります。すでに途上国を含む世界各地で土地争奪戦が繰り広げられています。

例えば、**CO^2削減のための植林に利用可能な土地の多くは貧しい国**にあり、その国の中でも政治的な力の弱い人々が住んでいます。そのため、彼らは基本的なニーズを満たすための土地を、世界で最も権力を持つ国の強力な私企業と奪い合うことになりかねないのです。

このような事例は、すでに東アフリカで実際に起きています。ノルウェー企業が東アフリカの森林をカーボンオフセットとして使用するため、土地を購入し保全しようとしました。2014年、ある研究機関は、このときに何千人ものウガンダ人、モザンビーク人、タンザニア人に強制立ち退きと食糧不足をもたらしたと報告しています。

また、**北アフリカのモロッコ**には、ヌール・ワルザザート複合施設という**世界最大の太陽光発電所がありますが、国民の多くは電力供給を受けていません。**太陽光発電は、アフリカの人々に電気へのアクセスをある程度与えるかもしれません。しかし、**北アフリカの多くの大規模な再生可能エネルギープロジェクトは、欧州に電力を供給するだけ**で、サハラ以南のアフリカの人々は電力の恩恵を受けられない事態になりそうです。

アメリカ大陸では、北米西部のカリフォルニア州が再生可能エネルギー導入に熱心ですが、その南に隣接するメキシコのバハ・カリフォルニア州から電力を輸入しています。アメリカの送電網がメキシコや中米とのつながりを強めていくと、インフラが弱く頻繁に停電の起こる中米からアメリカに電力が輸出されるという、あべこべな事態になりかねません。

次世代エネルギーとして注目される水素への転換でも事情は同じです。

ドイツは「国家水素戦略」に沿って、アフリカ南部の国、アンゴラから水素をアンモニアに転換して輸入する計画を発表しました。２０２２年６月にはアンゴラの国営石油会社とドイツ企業との間で設備建設の覚書を締結しています。２０２４年には工場が稼働するといいますが、アンゴラの貴重な電気をドイツでの水素エネルギー供給という贅沢のために使うのは、正しいことなのでしょうか。

アンゴラでは水力発電は重要で、電源構成のおよそ半分を占めています。そこで作られる貴重な電気は、いまだスラムの残る貧しいアンゴラの経済開発のためにこそ使うべきものではないのでしょうか。

先進国の「気候植民地主義」に対して、叛逆する指導者たちも現れています。２０２２年６月、アフリカの内陸国ニジェールのモハメド・バズーム大統領は、次のように述べています。

「アフリカは、２０２２年末までに外国の化石燃料プロジェクトに対する公的融資を打ち切るという西側諸国の決定によって罰せられている……我々は戦い続けるつもりだ」

「アフリカ大陸が天然資源を開発することを許可すべきだ。１００年以上にわたって石油とその派生物を搾取してきた者たちが、アフリカ諸国が資源の価値を享受するのを妨げているのは、率直に言って信じがたいことだ」

バズーム大統領の言う通りです。**天然の恵みで利用可能なエネルギー源を利用することは、すべての主権国家の譲れない権利**だと思います。

エネルギー価格高騰で大打撃を受けた欧州の非鉄金属産業と肥料産業

エネルギー価格の高騰で大きな影響を受けているのは、もちろん途上国に限りません。ウクライナ侵攻までの間、ロシアへのエネルギー依存を高めていた**ヨーロッパでは、いま産業と雇用が重大な危機に直面**しています。

２０２２年９月、欧州の非鉄金属産業のＣＥＯ47名は、欧州委員会のウルズラ・フォン・デア・ライエン委員長、欧州議会のロベルタ・メッツォーラ議長、欧州理事会のチャールズ・ミシェル議長に宛てて、深刻化する欧州のエネルギー危機は「存亡の危機」であるとして、警鐘を鳴らすための書簡を送りました。銅やアルミニウムをはじめ、鉄以外の金属を扱う非鉄金属産業は、その製品が自動車や情報通信機器に使われ、他産業の基盤となっているため、多くの企業活動や人々の生活に深く関わる重要産業です。

欧州委員会に書簡を送ったCEOたちは、すでに2021年の時点で欧州の非鉄金属業界がエネルギー価格暴騰によって膨大な減産を余儀なくされたことを強調しました。EUのアルミニウムと亜鉛の生産能力の50%が停止し、シリコンと鉄合金の生産も大幅に削減されていました。エネルギー価格の暴騰は、銅とニッケル産業にも影響が及びました。

書簡には、非鉄金属産業の閉鎖・縮小の詳細なリストも掲載されています。業界企業を率いるCEOたちは、欧州理事会に対し補助金、エネルギー価格上限設定、排出権取引制度で発生する炭素コストの軽減など、あらゆる支援策を取るよう要求しています。

同書簡によれば、非鉄金属産業（アルミニウム、銅、ニッケル、亜鉛、シリコンなど）における電力コストのシェアはもともと高く、通常の電力価格条件下においても、すでに生産コスト全体の40％にのぼっていたとされています。

こうした企業群による域内生産が減少したため、欧州はこれらの金属も域外からの輸入を余儀なくされています。**多くの金属は中国からの輸入**で、ＥＵ域内での生産がこれ以上失われ輸入が続けば、**ＥＵ諸国が掲げる脱炭素にも逆行する**と指摘しています。なぜなら、ＥＵ域内よりもエネルギー効率が悪い国での製造は、ＣＯ２排出量を増やすからです。

中国の亜鉛生産は、ヨーロッパでの生産に比べ、炭素集約度（製品一単位あたりのＣＯ２排出量）は２・５倍だといいます。アルミニウムの場合は２・８倍、シリコンの場合は３・８倍にもなるとされています。

ＥＵの非鉄金属業界の危機感は、日本に置き換えて実感できる例があります。日本の非鉄金属産業は、１９７３年のオイルショック以来、海外に比べて高いエネルギーコストに耐えられず、空洞化してしまいました。日本のアルミニウム製錬業は１９７７年の生産量をピークに撤退し、現在は存在していません。いま日本で使われるアルミ地金は、すべて輸入です。

欧州、とりわけドイツの産業は、ロシアからのパイプラインによる安価なガスと、それを利用した安価な電力によって繁栄を享受してきました。これに加えて、国際環境経済研究所の手塚宏之主席研究員は、ＥＵ域内でのドイツ産業のこれまでの優位は、政府による手厚い産業保護的なエネルギー政策によるものだとし、エネルギー価格の高騰局面でも政府がさまざまな支援策を講じてきたことを紹介しています（手塚宏之「ドイツ産業の皆さん、日本へようこそ」『アゴラ』２０２２年8月24日 https://agora-web.jp/archives/220823041633.html）。

しかし、今後はどうなるでしょうか。

２０２２年から２０２３年にかけてのエネルギー危機を政府の救済によってなんとか乗り越えたとしても、もはやロシアのガスに頼れなくなった欧州では、安価なガス・電力の時代は終わっています。脱炭素政策に沿って再エネ投資を派手に進めたこともあり、欧州は世界一エネルギー価格の高い地域になってしまいました。

今後、欧州で非鉄金属産業が存続するためには、政府が手厚い支援を続けるほかありません。ただし、未来永劫それを続けることには無理があります。また**欧州の脱炭素の方針も、エネルギー消費の多い産業にとっては重い足枷《あしかせ》**です。

非鉄金属産業だけでなく、生産工程で大量のエネルギーを使う「エネルギー集約産業」には肥料産業、ガラス産業などもあります。天然ガス価格の暴騰を受けて、欧州の窒素肥料の生産は、7割もの激減に見舞われました。

過去、世界中で**農業作物の生産性は上がり続けてきました**。これはひとえに技術進歩のおかげですが、特に**窒素肥料の効果は大きいものでした**。

窒素肥料は、大気中に豊富に存在する窒素から、高温・高圧の化学反応プロセスを経てアンモニアを合成する「ハーバー・ボッシュ法」によってもたらされました。この技術を研究・実用化したフリッツ・ハーバーとカール・ボッシュはいずれもノーベル賞を受賞したドイツの化学者です。

20世紀初頭のドイツ化学産業は世界一でした。その中でも燦然《さんぜん》と輝く偉業が、この窒素肥料合成です。その後、人口は大幅に増加したにもかかわらず、この技術の恩恵によって、今日に至るまで、世界の人々の栄養状態は劇的に改善してきたのです。

窒素肥料製造の工程には、大量の天然ガス（ないしは国により石炭）を使用します。これまでは、ロシアのパイプラインによる安価な天然ガスを利用し、窒素肥料を生産してきました。ところが、EUの天然ガス価格は2年前の15倍にもなりました。アメリカの実に10倍もの価格です。これではまったく国際競争力がないため、欧州の窒素肥料工場は次々に停止し、生産が

3割の水準にまで激減したわけです。

欧州肥料協会（Fertilizers Europe）は、欧州連合の機関とEU加盟国に対し、この肥料産業の危機を回避するために、早急に救済措置を取るよう要請しています。この問題も欧州にとどまりません。世界全体で肥料供給が不足し、国際価格が暴騰しているのです。

肥料工場が停止した欧州は、肥料の生産国から、肥料の輸入国になりつつあります。加えて、ロシアのウクライナ侵攻により、ロシアとウクライナの両国からの肥料輸出も滞っています。

世界市場での肥料価格暴騰の影響は、日本にも及んでいます。2022年10月末、国内の肥料流通の約7割を握るJA全農（全国農業協同組合連合会）は、2022年11月から2023年5月の化学肥料販売価格を前期比で最大およそ3割引き上げました。生産コストが増し、農産物の価格も押し上げることになります。

しかし、最も**肥料価格高騰の煽りを受けるのは、やはり貧しい国**になりそうです。国際肥料協会によれば、アフリカの何百万人もの人々がすでに飢餓に直面しています。そのような状況において、来シーズンの世界の肥料供給は7％減と予測されているのです。供給不足は、価格の高騰も招きます。

貧しい人々にとって、高価な肥料を買うことの経済的負担は大きいものです。のみならず、もし調達で買い負けて肥料が手に入らなければ、作物も育たず、食料が確保できなくなるのです。欧州の窒素肥料産業は、政府の救済によって企業体としては生き永らえるかもしれません。しかしロシアからの安い天然ガスがもはや供給されないとなれば、ドイツをはじめとした欧州のエネルギー集約産業は壊滅しかねません。大変な危機に直面しているのです。

欧州の窒素肥料産業が操業を続けたければ、少なくとも今後数年は、高騰した液化天然ガスを輸入して肥料生産をすることになります。

しかしながら、ガスも電力も価格が暴騰し供給が不足している欧州で、果たしてそのような経営判断が合理的なのかどうか。

欧州企業の経営責任者の判断によっては、窒素肥料工場の操業停止がしばらく続くこともありえます。その後も欧州の産業は、高いエネルギーコストに直面することになります。

脱炭素政策も追い打ちをかけ、窒素肥料産業が、その発祥の地である欧州からなくなってしまうかもしれません。

やり過ぎな「エコ推進」が世界に独裁主義の台頭を招く

「窒素肥料がないなら、ちょうどいいから、肥料を使わない有機農業に切り替えればいい、その方がエコだ」などと考えると、とんでもないことが起こります。

スリランカの政府は、環境対策に熱心で、国のESGスコアは98点とほぼ満点の評価でした。そして国を挙げて有機農業に切り替えるとして、化学肥料や農薬の輸入禁止を行いました。これには外貨流出を防ぐ狙いもあったと言われます。

しかし、**化学肥料がなくなったことで、作物の収穫量が落ち込み、米の生産量は4割も減少**してしまったのです。

この大惨事が起きた後、この有機農業政策は、農家の大反対により撤回に追い込まれました。政府による極端な政策は、経済や産業を大きな混乱に陥れるのです。

豊かな暮らしと経済・社会の発展のための必需品は、**燃料（fuel）、肥料（fertilizer）、食料（food）の「3F」**です。

燃料は発電だけでなく、肥料や食料の生産や流通のためにも多く消費されます。従来であれば、自由貿易により資源と製品が市場で交換されてきました。ところが、いまや新冷戦が勃発し、各国はどのように3Fを入手するか、という問題に直面するようになったのです。

現在、**「3F」を大量かつ安価に供給する能力があるのはロシア**です。

ウクライナ侵攻を受けて先進諸国は対ロシア経済制裁を呼びかけました。しかしこれに呼応した途上国は皆無でした。いま先進各国は、脱炭素政策のダブルスタンダードにより、途上国の経済発展の道を妨げています。その一方で途上国としては、もちろん自国の経済発展が重要です。彼らが正当に必要とするものを先進各国が提供しなければ、途上国はロシア、そして中国に頼らざるを得ません。

この帰結は、ロシアや中国のような独裁主義が優勢な世界が到来するかもしれない、というおぞましい事態です。

1991年に冷戦が終わり、世界はG7のような民主主義体制に収斂《しゅうれん》してゆく、と当時は多くの人々が期待しました。ところが実際にはそうはなりませんでした。現在、世界は新冷戦の勃発という、緊迫した世界情勢に直面しています。ロシアがウクライナに侵攻したことで、G7との対立が決定的になりました。この戦争は容易に決着しそうになく、仮にウクライナでの戦闘は終わっても、すべてが旧に復することはないでしょう。

中国・ロシアは権威主義的な国家となり、**G7の民主主義システムを敵視し攻撃**するようになりました。自らの独裁体制を維持するために、そのライバルであり敵である民主主義に攻撃を仕掛けています。G7の自由で開かれたシステムの脆弱性に付け入り、技術を盗み、サイバー攻撃を仕掛け、選挙に介入して民主主義国の意思決定に干渉しています。のみならず、ウクライナ侵攻では、彼らが武力行使もいとわないことが改めて明らかになりました。

経済のグローバリゼーションも、いまや逆回転が始まり、経済や市場が分断されるデカップリング（経済的分離）が進行しています。

ロシア・中国に対し、G7は優勢とは言えない状況です。ロシアのエネルギー、肥料、食料、武器などの輸出の恩恵を受けている国は、途上国に数多くあります。中国やインドは、ロシアの石油を大量に買い付けています。脱炭素をはじめとした価値観をG7が途上国に押し付けることも、マイナスに作用しています。多くの途上国は、宣教師的にあれこれ指図をするG7よりも、余計な口出しをせずに、資源や製品など彼らにとって本当に必要なものを提供してくれるロシアや中国になびいてしまっています。

「エコ」を旗印とした極端な政策の推進は、先進各国から安定、安価なエネルギー供給を奪い、イノベーションの能力など自由主義経済が持つ力の発揮を妨げています。さらに先進国は、エコを途上国に押し付けて、その経済開発を妨げています。

そのかたわらで、中国は先進諸国の脱炭素推進という方針にうまく対応しています。国連が主催するCOPなどの地球環境に関する国際会議では、途上国の盟主として振る舞い、彼らの経済開発の権利などを擁護しています。アフリカの諸国には経済的な支援を行っていることもあり、うまく味方に取り込んでいます。また中国は、先進各国で大量に導入されている太陽光発電パネルや電気自動車、およびその部品や材料の製造において、大いに収益を上げています。

中国は今、世界第3位の原子力発電国です。**2030年には**、現在1位と2位のフランスとアメリカを追い抜き、**世界一の原子力発電国**になる勢いです。同時に大規模な石炭火力発電量にも支えられ、中国は極めて安価な電力供給を実現する見込みです。

片や日本は、これまでのところ原発再稼働の遅れに加え、再生可能エネルギーの大量導入で発電コストは高騰してきました。電力価格差は産業競争力に直結します。このままでは日本が没落し、中国の経済力に圧倒されて政治的な属国になり、民主主義が失われる恐れがあるのです。

日本が自由・民主といった普遍的価値観を擁護し、G7と歩調を揃えるのは当然です。その一方で、日本自らは強くなければならない。このためには、安全・安価なエネルギー供給が必須です。

本当に必要なのは脱「脱炭素」

いまや先進国、途上国の双方にとって、脱炭素政策は経済や社会の発展の足枷となっています。日本では、大雨など災害が起こるたびに「気候危機だ」「脱炭素が急務だ」という意見がメディアに溢れ、危機感を煽ります。そして政府は**「2050年にCO_2ゼロ」という、達成不可能な極端な目標に人々を駆り立て、貴重な資源や富を浪費しています。これでは経済は衰退します。**

しかし、次章で詳しく述べるように、気候危機説は誤っており、極端な脱炭素は有害無益です。いま日本に必要なのは、不可能な目標を追うことを止め、温暖化対策をより現実的なものにすることです。

日本のCO_2排出量のうち約4割は火力発電によるもので、残りの6割は工場のボイラー、家庭のストーブ、自動車などにおける石油・ガスなどの化石燃料の直接燃焼によるものです。太陽光発電や風力発電などの再生可能エネルギーの普及で前者の4割をすべて賄うことは難しく、強引に進めようとすれば経済と国民生活に重大な損失を及ぼします。

原子力発電所を再稼働し、さらには新増設を進めることで、安価な電気を生産することが第一です。そして、安価で安定した電力さえあれば、後者の6割の電化も進めることができます。オール電化住宅の普及などの手段があります。このときの電力が原子力発電で供給されていれば、CO_2も大いに減ることになります。

世界的なエネルギー危機を受け、従来から掲げてきた脱炭素政策と整合する安定・安価なエネルギー供給の手段として、原子力発電が見直されています。フランスは今後、原発14基を新設するとしており、イギリスも2030年までに最大8基を建設するといいます。ロシア依存からの脱却を目指す東欧諸国も原発の新設に乗り出しました。

日本の原子力発電を有効に使っていくための課題としては、原子力安全規制の合理化をはじめ、制度改革がいくつも必要です。安全規制に関しては、現在の「原発を動かさないための規制」から、「電気の利用者のための適正な規制」へと抜本的に見直す必要があります。

米国の原子力安全規制には「善い規制の原則」というものがあります。ここでの「善い規制」には、安全性の確保だけでなく、経済性を確保し電気の利用者のためになることが含まれています。ところが日本の原子力安全規制にはこの「善い規制の原則」がありません。これは致命的な欠陥です。これではひたすら究極の安全である「リスクゼロ」という無理難題と格闘することを運命づけられているようなもので、いつまで経っても原子力発電所は稼働できません。これをすぐにでも是正する必要があります。

安定で安価な原子力発電があってこそ、電化が進み、CO_2排出も減少するのです。これには素晴らしい成功例があります。2009年において、北海道の電力の35%を泊原子力発電所が供給し、安価な夜間電力を活用して住宅の電化が進みました。新設住宅着工戸数2万6758件のうち、実に54%にのぼる1万4476件がオール電化を採用していたのです。その後、安全規制強化への対応のために泊原子力発電所は停止が続き、オール電化もすっかり退潮してしまったのは残念なことです。CO_2排出削減は、安定・安価な電力の豊富な供給があってこそ成り立つのです。

温暖化対策の将来の展開には、2つの異なるシナリオがあります。

一つは**「大躍進シナリオ」**、いま一つは**「上げ潮シナリオ」**です。

「大躍進シナリオ」は、失敗のシナリオです。コストの高い再生可能エネルギーの大量導入や、電気自動車の大量導入等を、規制や税、補助金で実現しようとすればどうなるか。イギリスは、まさにこの方向に動いてきました。同国の研究所GWPFのジョン・コンスタブル氏は、同国の急進的な温暖化対策をかつて中国で毛沢東が実施した大躍進政策とその破滅になぞらえ、国民がどの技術を使うべきかを政府が決定する統制経済は、**必ず失敗すると指摘**しています。

日本政府が掲げる「カーボンニュートラル」が、数値目標を国内企業に割り当て、規制・税による強制や補助金のばらまきによって達成することを目指すのならば、日本は経済破綻への道を歩むことになります。東京都による太陽光パネルの導入義務化や補助金の拡大などには、その方向性が見えています。

一方の**「上げ潮シナリオ」**は、現在のコスト高で未熟な技術を政府が強制するのではなく、技術開発に注力し、アフォーダブル（手頃）なCO_2削減技術を生み出して世界全体に普及することで、**CO_2削減が進むという道筋**です。

前述のオール電化住宅も、安価な電気があったことで、家庭の給湯・暖房用のヒートポンプ（エコキュートなどの商品名で知られます）の導入が進み、当初は難しいと見られていた寒冷地仕様の製品も次々に技術開発されました。技術が進歩し、性能が向上して価格も下がると、ますます導入量が増える、するとメーカーによる技術開発も進む、という好循環が誕生したのです。

電気自動車にしても、電気が安くなければ話になりません。最も導入が進んでいるノルウェーでは、水力発電によって1kWhで8円という安価な電気が供給されていました。それでもまだ電気自動車は大変高価で、今のところ政府の補助金や優遇策だのみです。これを解決するには、技術開発によってバッテリーの価格を根本的に下げることが必要で、むやみに政策的に今ある技術を大量導入するのは無駄なだけです。

技術開発に必要なのは、自由主義経済の力を発揮できる市場の力と、裾野の広い製造業基盤を鍵としたイノベーティブな経済です。政府がなすべきこともありますが、それは民間にできない部分に限るべきです。政府はもともと、最もイノベーションの下手な組織だからです。

政府は前例に囚われ、失敗を認めない、政治の介入を受ける、倒産しない——これでは、何度もの失敗を重ねて科学的・技術的な探究を続け、やがてマーケットに認められて普及に成功するという、イノベーションを起こすことは覚束《おぼつか》ないことです。

しかし、政府には重要な役割もあります。民間だけでは不足する教育、基礎研究や実証試験への投資です。

新しい技術は経済全体の協同から生まれるものなので、これには安定して安価な電力がふんだんに使えることが必須です。CO_2削減を名目とした政府の経済統制は、イノベーションを阻害します。これでは大幅なCO_2削減などは期待できません。

本当にCO_2削減を目指すのであれば、統制的な脱炭素政策の軛《くびき》から経済を解放し、自由にすることが必要なのです。

第3章

プロパガンダにダマされるな！
日本人が知っておくべきファクトフルネス

堂々とまかり通る地球温暖化の〝嘘〟

日本では多くの方が**「このまま進めば地球の生態系が破壊され、災害が増える。**温暖化の原因は化石燃料を燃やすことで出るCO_2だから、これを大幅に削減することが必要だ」と思っています。しかし、**これを裏付ける科学的な根拠は乏しいのです。**国連とか政府の御用学者やマスコミからそういう〝物語〟を繰り返し聞かされて、みんな信じてしまっているだけです。

私もそうした〝物語〟を語っていれば出世するのかもしれませんが、阿《おもね》らずに本当のことを言わなければ科学者ではないと思っています。だから、誰でも見ることができる公開情報を紹介して議論するよう努めてきました。例えば**拙著『地球温暖化のファクトフルネス』（デジタルパブリッシングサービス）にそのようなデータをまとめています。**「ファクトフルネス」というのは、データをもとに世界を冷静に見るという姿勢のことを指します。

地球の大気中のCO_2濃度は現在約410ppmで、産業革命前の1850年頃の280ppmに比べて約5割増えています。一方、地球の平均気温は産業革命前に比べて0・8℃上昇しました。日本の気温上昇は過去100年あたりで0・7℃でした。

つまり、**気温が上昇し地球が温暖化していることは事実**なのです。

しかし、この**気温上昇はごくゆっくりで、しかも僅か**なものです。

近年、猛暑になるたびに「地球温暖化のせいだ」と騒がれますが、事実はまったく違います。日本の気温上昇が１００年で０・７℃ですから、１９９０年から２０２０年までの30年間では０・２℃程度上昇したことになります。しかし、０・２℃といえば体感できるような温度差ではありません。２０１８年に気象庁は「熊谷（埼玉県）で最高気温が国内の統計開始以来最高となる41・1℃になった」と発表しましたが、過去30年間に地球温暖化がなければ熊谷は40・9℃だった、という程度の違いです。地球温暖化はごく僅かに気温を上げているに過ぎないのです。

猛暑の原因は別にあります。

夏の高気圧の張り出し具合などの地球温暖化とは関係のない自然変動と、都市熱による影響の２つです。

都市熱についていえば、都市化によってアスファルトやコンクリートによる「ヒートアイランド現象」が起こります。家やビルが建て込むことで風が遮られる「ひだまり効果」も気温を上げます。こうした都市熱によって東京は過去１００年ですでに約３℃も気温が上がっているのです。東京から離れた伊豆半島の石廊崎では1℃も上がっていませんが、これが地球温暖化による日本全体の気温上昇（0・7℃）に対応する数字と言えます。**地球温暖化よりも都市熱の方が大きい**のです。

また、毎年、台風シーズンが到来して被害が出るたびに、「地球温暖化のせいで」台風が「激甚化」している、「頻発」している、といったニュースが流れます。そして、毎度おなじみの〝専門家〞が登場し、「温暖化すれば台風が激甚化するのは当然だ」と宣《のたま》います。

これにいたっては、完全にフェイクニュースです。

台風は、増えてもいなければ、強くなってもいません。統計を見れば、小学生でも算数で習う範囲ですぐに分かる事実です。

気象庁の統計で1950年以降の台風の発生数を見ると、年間25個程度で一定しています。また、最大風速が毎秒33メートルを超える「強い」以上に分類される台風の発生数は1975年以降、15個程度と横ばいで、増加傾向は認められません。

1951年以降、上陸時の中心気圧が940ヘクトパスカル以下のスーパー台風は10個上陸しました（次ページの表参照）。しかし1971年以降はほとんどなく、1993年以降

順位	台風番号	上陸時気圧(hPa)	上陸日時	上陸場所 ※1
1	6118 ※2	925	1961年9月16日09時過ぎ	高知県室戸岬の西
2	5915 ※3	929	1959年9月26日18時頃	和歌山県潮岬の西
3	9313	930	1993年9月3日16時前	鹿児島県薩摩半島南部
4	5115	935	1951年10月14日19時頃	鹿児島県串木野市付近
5	9119	940	1991年9月27日16時過ぎ	長崎県佐世保市の南
	7123	940	1971年8月29日23時半頃	鹿児島県大隅半島
	6523	940	1965年9月10日08時頃	高知県安芸市付近
	6420	940	1964年9月24日17時頃	鹿児島県佐多岬付近
	5522	940	1955年9月29日22時頃	鹿児島県薩摩半島
	5405	940	1954年8月18日02時頃	鹿児島県西部

※1：当時の市町村名等で示す　※2：第二室戸台風　※3：伊勢湾台風
参考記録：(※統計開始以前のため)
室戸台風　911.6hPa　1934年9月21日（室戸岬における観測地）
枕崎台風　916.1hPa　1945年9月17日（枕崎における観測地）

中心気圧が低い台風のランキング。出典：気象庁HPより（https://www.data.jma.go.jp/fcd/yoho/typhoon/statistics/ranking/air_pressure.html）

は上陸していません。観測史上最も強かった台風は、第一・第二室戸台風、枕崎台風、伊勢湾台風ですが、すべて1961年以前です。

なぜ日本にスーパー台風がほとんど上陸しなくなったのか、その理由については世界の誰にも分かりません。たまたまかもしれないですし、数十年規模の気候の自然変動が影響しているのかもしれません。なお2022年9月18日に台風14号が935ヘクトパスカルで鹿児島県に上陸しました。これは史上4位タイでした。しかし、この強さの台風は過去30年間もなかったものがようやく発生したに過ぎません。

このように、数字で見る限り、台風が「激甚化」も「頻発化」もしていないことだけは確かです。

ということは、台風が「温暖化のせいで」強くなったり増えたりしていることなど、論理的にありえません。これは小学生レベルの国語能力でもすぐに分かる話です。

大雨に関しても地球温暖化の影響と結びつけられて語られがちですが、大雨の雨量も、観測データを見る限り、まったく増えていないか、僅かに増えただけです。理論的には過去30年間で気温が0・2℃上昇したのですから、その分の雨量が増えた可能性はありますが、その理論値でもせいぜい1％程度です。100ミリのはずだった大雨の雨量が101ミリになったからといって、災害の「激甚化」などと呼ぶのはまったくの誇張です。よって大雨も温暖化のせいではありません。

率先して印象操作を行っている「環境白書」

このように環境問題の分野では、フェイクやプロパガンダが堂々とまかり通っています。誤解を恐れずに言えば、**「地球温暖化の悪影響」という話はほとんどフェイクニュース**です。

実際、これまで地球温暖化の影響で起きると言われた「不吉な予測」はことごとく外れてきました。

例えば、**北極グマ**は温暖化で海氷が減って絶滅すると騒がれましたが、いまでは**逆に増加しています**。北極グマを殺さず保護するようになったからです。

また、海抜数メートルのサンゴ礁の島々が温暖化による海面上昇で沈んでしまうと言われましたが、現実には沈没していません。サンゴ礁は生き物なので海面が上昇するとそのぶん速やかに成長するからです。面積が減っていないことは航空写真ではっきり確認されています。

結局のところ、温暖化はゆっくり、僅かにしか進んでいないし、災害の激甚化などそもそも起きていないのです。CO_2がある程度の地球温暖化を起こしていることは認めますが、**CO_2の大幅排出削減は「待ったなし」などではない**――これが「地球温暖化の科学的知見」だと言えるでしょう。

しかし困ったことに、日本ではマスコミはもとより、公的機関までもが、「待ったなし」を国民に押しつけてきます（この風潮は別に日本に限った話ではないのですが、メディアや議会でも「地球温暖化懐疑論」に耳を傾ける人々がたくさんいる米国に比べて、日本の場合は特に「地球温暖化脅威論」が支配的です）。

その最たるものが「環境白書」です。

驚くことに、**環境白書は観測データの統計をほとんど掲載していません**。その上、たまに掲載する図は、使い方を間違っていたり、誤解を招いたりするようなものばかりです。そのことを私は以前から批判しているのですが、残念ながら一向に改善される気配がありません。

そしてタチが悪いのは、そのような環境白書の記述をもとにマスコミが温暖化脅威論を騒ぎ立てることです。

例えば2022年6月7日に令和4年版の環境白書が出ると、さっそく同日付の日経新聞ウェブ版が《気候変動は「経済・金融リスク」被害2・5倍、環境白書》という見出しで、次のように報じていました。

気候変動に関連する災害の被害額は17年までの直近20年間で2・2兆ドル（約280兆円）となり、1997年までの20年間と比べて約2・5倍に増えた。

この元になった内容を環境白書で確認してみると、次のような説明がありました。

1998年から2017年の直近20年間の気候関連の災害による被害額は2兆2450億ドル（全体の被害額2兆9080億ドルの77％）と報告されていますが、これは、1978年から1997年の20年間に生じた気候関連の災害による被害額8950億ドル（全体被害額1兆3130億ドルの68％）に比べて約2・5倍です。

これを読むと、いかにも「地球温暖化のせいで被害が2・5倍になった、大変だ」という印象を受けがちです。実際に、日経新聞の記事はそのようなニュアンスで報じています。けれども、「気候関連の災害による被害額」という数字は「物理的な気象災害の激甚化」を示すものなどではありません。前述の通り、台風や大雨の物理的な激甚化など起きていないのです。

では、なぜ過去に比べて気候関連の災害による被害額が2倍以上も増大しているのでしょうか？

その数字自体に嘘はないのですが、そこには〝単純なカラクリ〟があります。

実は、人間の経済活動が盛んになり、生活する地理的な領域が広がり、所有する不動産などの資産価値が高まったことで、被害の金額が増えただけなのです。**2・5倍になったのは、災害につながる台風やハリケーンなどの自然現象の強さや頻度ではなく、むしろ経済規模の増大なのです**。もっと正確に言うと、GDPあたりの被害金額の割合は、この間で減少しています。これは自然現象の強さや頻度が変わらない中にあって、人類の防災能力が進歩してきたからです。これには、気象予報や警報、ダムや堤防の建設などが活躍しました。環境白書の記述は**タチの悪い「印象操作」**だと言えます。

温暖化対策推進に不都合なデータは無視なのか？

もう一つ、令和4年版の環境白書の悪質な印象操作の例を紹介しておきます。環境白書には次のような記述があります。

我が国では、長期的には極端な大雨の強さが増大する傾向が見られ、アメダス地点の年最大72時間降水量には、1976年以降、10年あたり3・7％の上昇傾向が見られます。そ

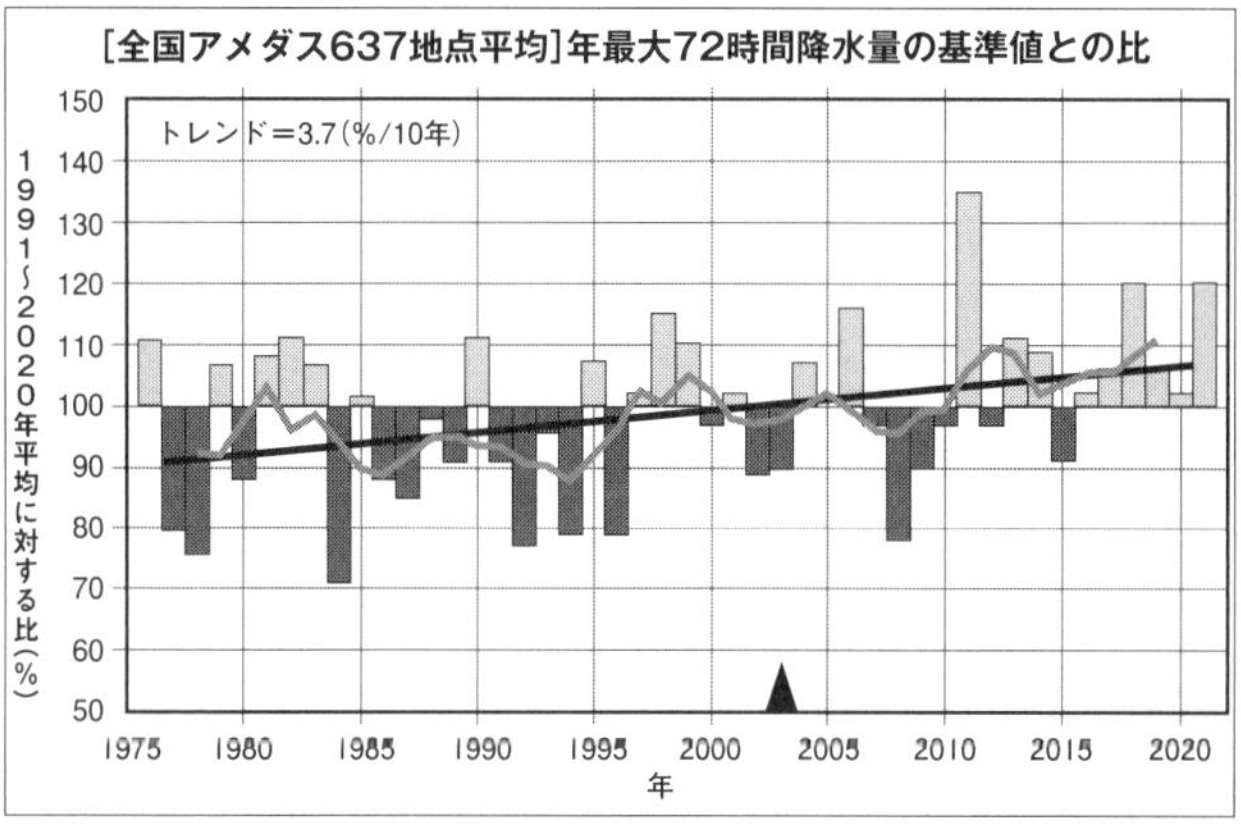

出典：気象庁「気候変動監視レポート2021」より
https://www.data.jma.go.jp/cpdinfo/monitor/index.html

の背景要因として、地球温暖化による気温の長期的な上昇傾向に伴い、大気中の水蒸気量も長期的に増加傾向にあることが考えられています。

この記述については引用元が書いていないので（きちんと引用してください、なにしろ白書なのだから……）データを探してみると、それらしきものが気象庁のホームページにありました（気候変動監視レポート2021の2・4）。それが上のグラフです。

これを見るとたしかにアメダス地点の年最大72時間降水量は増加傾向にありますが、図の下にある▲の印は何でしょうか。説明を読むと、こう記述されています。

２００３年1月1日から、毎正時の1時間降水量の最大を求める方法から毎正10分（１４４個）の最大を求める方法に変更した。これにより、観測値には▲の前後でサンプリング間隔に起因する系統的な違いがある（例として、日最大1時間降水量が50㎜以上の場合には、平均して８㎜多くなる傾向がある）。

なんと環境白書はこの補正をしないで「10年あたり3・7％の上昇傾向」と堂々と書いていたのです。

また、この気象庁のレポートには、環境白書にはない次の記述もあります。

ただし、大雨や短時間強雨は発生頻度が少なく、それに対してアメダスの観測期間は比較的短いことから、これらの長期変化傾向を確実に捉えるためには今後のデータの蓄積が必要である。

その通り。1976年以降を見ただけでは、長期的な傾向を捉えるには不十分なのです。よって「10年あたり3・7％の上昇傾向」があるというべきではありません。そしてもちろん、地球温暖化と関係づけてはいけません。たまたま、この間の自然変動が大きかっただけかもしれないからです。先に述べたように、1950年代、1960年代にはスーパー台風も頻繁に上陸していました。

環境白書というのは、何よりも、環境の現状を正直に国民に伝えるべきものです。そのためには、観測データの統計をきちんと整理することが第一のはずです。それをおろそかにしていたり、あるいはデータの使い方を間違ったりしているのでは、〝落第〟です。「観測データの統計を正直に見せると急進的な温暖化対策の推進に不都合だから、わざと環境白書はこんなことをやっているのか？」と勘繰られても仕方がないのではないでしょうか。

「気候変動による災害が50年で5倍」は本当か？

東京都は、2050年までに世界のCO_2排出実質ゼロに貢献するための「ゼロエミッション東京戦略」を2019年12月に公表し、現在その実現に向けた取り組みとして、「カーボンハーフ」なるものを掲げていきます。次々とカタカナのキャッチコピーばかりが増えていくのも困ったものですが、ようするに2030年までに東京都のCO_2排出量を半減させるという計画です。案の定と言うべきか、ここでもやはり**お決まりの印象操作**が見られました。

2022年2月に東京都が出した「2030年カーボンハーフに向けた取り組みの加速」という資料には「気候変動などによる災害の数は、2021年8月のWMOの報告書によると直近50年間で5倍となっています。」と書いてあります。引用元のWMOは「世界気象機関」という国連の専門機関です。

これを読むと、多くの人が「そうか、気候変動のせいで、災害が5倍にも激甚化したのか、これは大変だ」という印象を受けることでしょう。ちなみに、この「50年で5倍」という表現はドイツなどの海外でもずいぶん流布《るふ》しているようです。

しかし、**本当に気候変動による災害が「50年で5倍」になっているのでしょうか?**

世界気象機関（WMO）のホームページを確認してみると、確かに2021年8月31日の記事には、同年発表されたWMOの報告書「WMO Atlas of Mortality and Economic Losses from Weather, Climate and Water Extremes（1970-2019)」をもとに、「気候変動、異常気象の増加、

報告の改善により、気象災害の数は50年間で5倍になっている」と書かれています（https://public.wmo.int/en/media/press-release/weather-related-disasters-increase-over-past-50-years-causing-more-damage-fewer)。

ここでポイントとなるのは「報告の改善」という文言です。

このＷＭＯ報告書は、１９８８年にCentre for Research on the Epidemiology of Disasters によって設立されたEmergency Events Database（ＥＭ－ＤＡＴ）によって集められた災害データを主な根拠としています。ＥＭ－ＤＡＴは、１９００年から今日までの自然災害を集計・報告しているのですが、ＷＭＯ報告の編集者は、データベースに含まれる災害が時とともに増加しているのは、世界各地での「報告が改善」された結果である可能性があることを認めています。

では、その「報告の改善」とは何か。

ようするに、世界の諸国の行政組織が整備されて報告件数が増えた、ということで、**必ずしも災害自体が増えたということではありません。**

それに災害というのは、自然現象で人々が被害を受けたときに記録されます。ということは、世界がより豊かになり人口も増えるにつれ、より多くの財産が危険にさらされるようになります。

人類が時の経過と共により多くの家屋やインフラを悪天候で失うようになったのは、これが主な理由です。その結果、「災害の報告件数」も増えてきたのです。カラクリとしては、先に見た環境白書の「気候変動に関連する災害の被害額が約2・5倍に増えた」という話とよく似ています。

気候変動で異常気象が頻発という偽情報

環境白書を筆頭に、国連でも日本政府でも、気候変動で異常気象が頻発している、という図や表をよく持ち出しますが、これも情報操作です。

例えば環境白書では、毎年、「最近起きた異常気象」を世界地図におどろおどろしい色合いで示しています。カリフォルニアの山火事や、フロリダへのハリケーン、欧州の猛暑、パキスタンの洪水、アフリカのソマリアの旱魃《かんばつ》などです。そして、それが気候変動のせいだと匂わせます。「匂わせます」と書いたのは、たいていはこっそりと目立たないように「気候変動との因果関係は分からない」といったことが書いてあるからです。しかし、**気候変動が原因だと誤解させる意図で掲載した図であることは明らか**です。

かかる図で問題なのは、**「今年の異常気象マップ」などというものは、そもそもどの年でも作ることができる**ものだ、ということです。

例えば100年前でも似たような図を作ることはもちろんできます。だから、今年たくさん異常気象が観測されたからといって、それが過去に比べて増えている証明には全然ならないわけです。過去に比べてどうなったかをみたいのであれば、統計データを見るしかありません。

そして、先ほど述べた「報告の改善」も関係してきます。年々、異常気象の報告の件数は増えている。被害金額も増えている。これには理由がいくつもあります。経済が成長して、人間活動が拡大して被害に遭う事例が増えていることや、行政組織や通信方法が発達して災害の情報が集計されるようになっていることなどもその理由です。

観測手法の発達もあります。昔は線状降水帯なんて知る由もありませんでした。衛星画像がなかったからです。また、最近は大雨が降るとレーダー解析で雨量を知ることができるようになったので、1時間に100ミリといった大雨も報道されるようになりました。少し前までは雨量計のない場所でどれほどの雨が降っても観測されませんでした。

世界中の情報が瞬く間に拡散するようになったことも、「異常気象の頻発」という思い込みを強めることに大きく作用しています。世界中のどこかで大洪水が起こると、日本でもニュースになっています。イギリスでもドイツでも、世界中の災害を放送しています。そして、そのたびに自然災害は気候変動のせいにされているようです。

YouTubeなどの動画配信サービスでも、毎日、世界中の災害を放送しています。日本に台風が来ると、さっそくその映像が流れていました。こんな情報に毎日接していたら、異常気象が頻発していると思い込んでしまうのも無理はありません。

心理学的には、「情報の利用可能性バイアス」というものがあります。これは、しばしば接している情報は、本当のことだと思って、過剰に偏って警戒するようになるということです。

原始時代には、これは適者生存のために合理的でした。というのも、当時の人々が見ていたのは「リアルなもの」だけなので、一度見たものを警戒するのは理に適っていました。例えば、トラに一度襲われそうな体験をした人々は、次にトラを見たときには当然警戒します。なにしろ、また襲ってくる可能性が高いからです。

ところが、現代になって、テレビやインターネットが登場すると、おかしなことになります。「見るもの」と「体験するもの」はまったく別なので、「一度見たから警戒する」という反応は、まるきり不合理になってしまったのです。テレビでトラを一度見たからといって、東京にいて毎日トラを警戒して暮らしていたら、ただの取り越し苦労です。時間と労力の無駄になります。しかし、現代の人間のアタマは原始時代からほとんど変わっていないので、特に何度も同じものを見ていると心配が募り、警戒するようになります。**毎日、災害のニュースを見ていれば、災害が頻発していると思い込むようになる**のです。

この弱点を突いたプロパガンダがはびこっているため、なんとなく災害が「激甚化している」、「頻発化している」と思い込んでいる人は、知的水準の高い人でもとても多いのが現状です。けれども、こういうときは、人間の直感を信用しない方がよいのです。直感には、進化の過程で組み込まれた心理学上のクセがあるからです。だから、災害が「激甚化」「頻発化」しているかどうかを知りたければ、統計のデータをよく調べた方がよいのです。

小学生でも計算できる「カーボンハーフ」の効果

次に別の数字を見てみましょう。CO_2を削減すると、どの程度の効果があるのでしょうか。

これは実は簡単に計算できるので、以下に紹介しましょう。

東京都は今2030年までにCO_2排出量を半減させるとして、「カーボンハーフ」というキャンペーンをしています。これでいったいどのぐらい気温が下がり、大雨の雨量が減るのでしょうか。

答えは簡単な比例計算で算出できるので、小学生の算数の問題風にしてみました。学校の先生方には、本当にテスト問題にしていただきたいくらいです。東京都の関係者の方たちならば、このぐらいの計算はできて当然でしょう。

【問題】

東京都は2030年までに、CO_2排出量を2000年の半分にする計画です。この計画を「カーボンハーフ」と呼んでいます。以下の問いに答えなさい。①から③までは、ア、イ、ウのうちで最も近いものを選びなさい。

①2000年の東京都のCO_2排出量は5775万トンでした（「2030年カーボンハーフ

に向けた取り組みの加速」より）。２０００年のまま２０３０年までCO_2の排出量を横ばいにした場合に比べて、２０３０年までに、カーボンハーフによって、累積のCO_2排出量はどのぐらい減るか計算しなさい。なお２０００年から２０３０年までの間、毎年の排出量は同量ずつ削減されてゆくと仮定します。

(ア) 50億トン　(イ) ５億トン　(ウ) ０・５億トン

② カーボンハーフによって、地球の気温は何℃下がるでしょうか。CO_2の累積の排出量に比例して地球の気温は上昇するとして、CO_2が１兆トン排出されると地球の気温が０・５℃上がると仮定して計算しなさい。

※CO_2累積排出量と気温上昇の関係はＩＰＣＣ〈気候変動に関する政府間パネル：気候変動とその対策に関する科学的知見を提供している国際組織〉の報告書にあるモデルに基づく推計値です。

(ア) 2℃　(イ) 0・02℃　(ウ) 0・0002℃

③カーボンハーフをしない場合に2030年において1日に100ミリの大雨があるとして、カーボンハーフをすることで、この大雨の降水量は何ミリ減るでしょうか。1℃の気温上昇によって、大雨の雨量は6％増加すると仮定して計算しなさい。

※気温上昇と降水量増大の関係については、「気温が上昇すると大気中の水蒸気量が増えるために降水量が増え、1℃の気温上昇で降水量が6％増大する」というクラウジウス・クラペイロン関係が成り立つものと仮定しました。

(ア) 10ミリ　(イ) 1ミリ　(ウ) 0・001ミリ

④(発展問題) カーボンハーフによる気温や大雨の変化は日常的に観測される変化と比べて大きいですか、小さいですか。考えられる理由を書きなさい。

郵便はがき

お手数ですが
切手を
お貼りください

150-8482

東京都渋谷区恵比寿4-4-9
えびす大黒ビル
ワニブックス書籍編集部

お買い求めいただいた本のタイトル

本書をお買い上げいただきまして、誠にありがとうございます。
本アンケートにお答えいただけたら幸いです。
ご返信いただいた方の中から、
抽選で毎月5名様に図書カード(500円分)をプレゼントします。

ご住所 〒 TEL(　　-　　-　　)	
(ふりがな) お名前	年齢 歳
ご職業	性別 男・女・無回答
いただいたご感想を、新聞広告などに匿名で使用してもよろしいですか?（はい・いいえ）	

※ご記入いただいた「個人情報」は、許可なく他の目的で使用することはありません。
※いただいたご感想は、一部内容を改変させていただく可能性があります。

●この本をどこでお知りになりましたか?(複数回答可)

1．書店で実物を見て　2．知人にすすめられて
3．SNSで(Twitter：　Instagram：　その他　)
4．テレビで観た(番組名：　)
5．新聞広告(　新聞)　6．その他(　)

●購入された動機は何ですか?(複数回答可)

1．著者にひかれた　2．タイトルにひかれた
3．テーマに興味をもった　4．装丁・デザインにひかれた
5．その他(　)

●この本で特に良かったページはありますか?

[　]

●最近気になる人や話題はありますか?

[　]

●この本についてのご意見・ご感想をお書きください。

[　]

以上となります。ご協力ありがとうございました。

【答え】

①カーボンハーフによる累積のCO_2の削減量を計算します。カーボンハーフをしない場合のCO_2の排出量は、5775ヵトン×31＝17・9億トンです。カーボンハーフにする場合のCO_2の排出量は、5775ヵトン×31×3÷4＝13・4億トンです。カーボンハーフにする場合のCO_2の削減量は差し引き5775万トン×31×1÷4＝4・48億トンです。**答えは**(ウ)。

②気温の低下は　4・48×0・5÷10000＝0・00022℃です。**答えは**(ウ)。

③100ミリの大雨の雨量の減少は、100×0・00022×0・06＝0・0013ミリです。**答えは**(ウ)。

④（発展問題）カーボンハーフによる気温や大雨の変化は小さいです。カーボンハーフによる気温の変化が小さい理由は、地球温暖化は起きるといっても1兆トンのCO_2排出に対して0・5℃と僅かであること、および、東京のCO_2排出量は世界のCO_2排出量に比べて僅かであるからです。カーボンハーフによる降水量の変化が小さい理由は、気温の変化が小さいことに加えて、降水量の変化も1℃あたりで6％と小さいためです。

東京都カーボンハーフを実現するためには大変にお金がかかります。太陽光パネルの導入は問題だらけであることは第1章で縷々《るる》述べた通りです。しかし、カーボンハーフによる気温低下は僅か0・0002℃、つまり1万分の2℃に過ぎません。100ミリの大雨は、0・0013ミリ、つまり1000分の1ミリしか減りません！　カーボンハーフをしようがしまいが、東京の暑さにも雨量にもほとんどまったく関係ないのです。

日本の電力不足が常態化したカラクリ

東京都だけでなく、日本政府も2030年までにCO_2を半減させ、2050年までにはゼロにする、という方針を掲げています。ところが、このところの日本のエネルギー政策は、この「脱炭素」に重きを置き過ぎました。特に、再生可能エネルギーばかりを推進したことは失敗でした。

結果として、いま日本では電力不足が常態化しています。これはここ何十年もなかったことです。

なぜこんなことになったのでしょうか。

停止中の原子力発電を再稼働し、火力発電所が次々と休廃止されるのを防ぎさえすればよいはずなのに、政府は国民に節電要請して我慢を強いるばかりで、抜本的な対策をとりません。これでは電力不足はますます深刻になり、経済活動に甚大な悪影響を生じさせてしまいます。

電力は、消費される量と生産される量を常時バランスよくさせておく必要があります。これは「同時同量の原則」と呼ばれます。

電力消費は、朝、人々が活動を始めると増え、昼間から夕方にかけてピークになって、夜になるとまた下がる、というサイクルを毎日繰り返します。ということは、この電力消費と同量の電力供給が必要になるわけです。

発電所には水力・火力・風力・原子力・地熱などさまざまな方式がありますが、その役割分担は異なり、全体としての経済性を達成するように組み合わせて運用されています。これを「経済負荷配分」と言います。

燃料費の安い原子力発電所や、燃料費の要らない地熱発電所は24時間フル出力で運転していま す。**一方、太陽光や風力発電所は天候によって常に出力が変動**してしまいます。そこで生じる電力需要と電力供給の差分を埋めるべく、液化天然ガス（ＬＮＧ）、石油、石炭などを燃料とする火力発電所は、出力を刻々と変化させることになります。

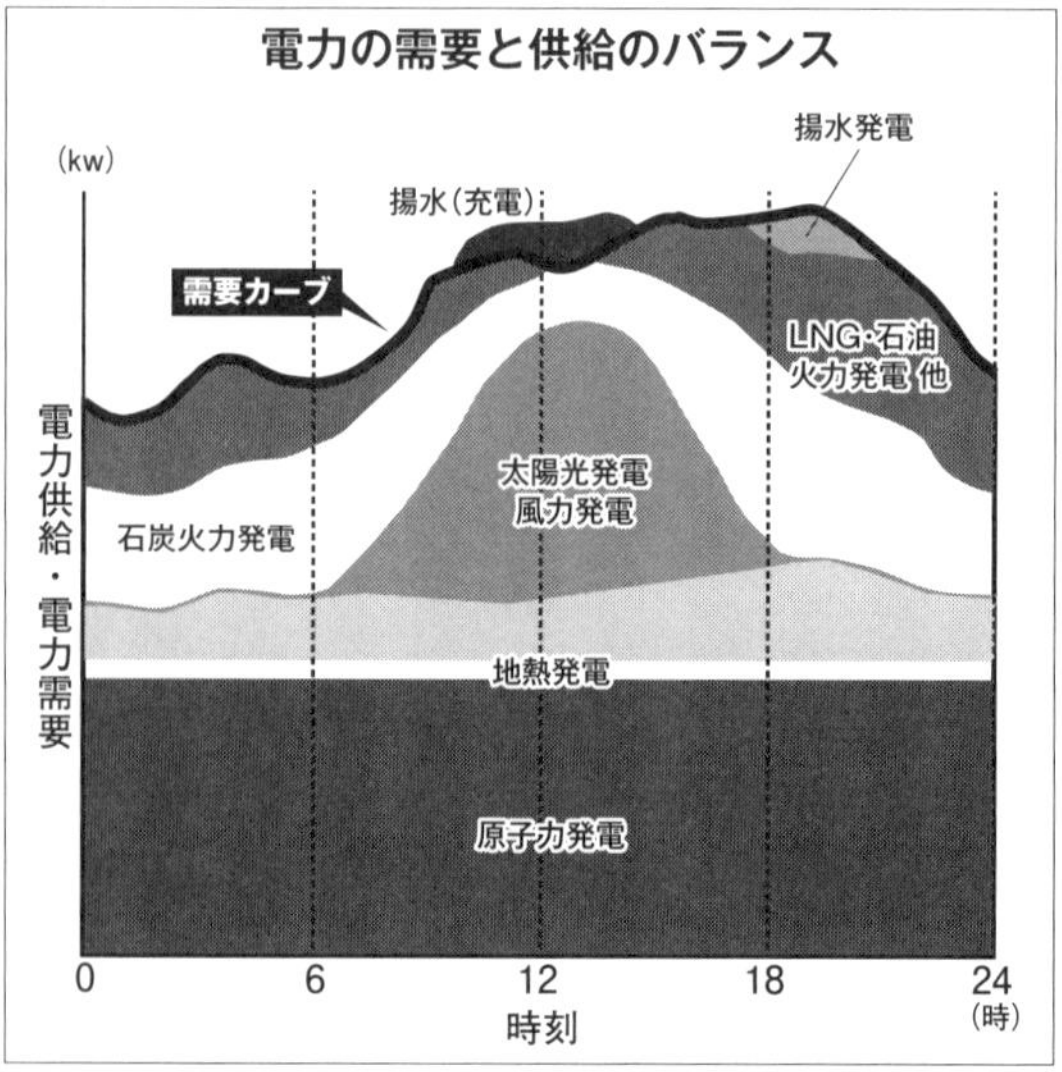

電力と需要の供給バランス

水力発電は、雨量によっても発電量が変わりますが、ある程度はダムから落とす水量を調節して出力を変えることも可能です。また、水力発電の中でも、揚水発電は、バッテリーのような機能を持っています。発電所を挟むような形でダムが上下に２つあり、電力供給が需要を上回ったときには、上のダムに水をポンプで汲み上げて「充電」し、下回ったときには水を落として発電機を回し「放電」するという仕組みです。

さて、日本政府は「２０３０年にはＣＯ$_2$

等の温室効果ガスを2013年比で46％減、2050年にはゼロにする」としています。日本のCO_2排出の4割を占める火力発電所は、この脱炭素政策の最大の〝標的〟にされてきました。

それに加えて、「再生可能エネルギー全量固定価格買取制度」によって莫大な補助を受けた太陽光発電が大量に導入されたことで、火力発電所は休廃止を余儀なくされてきたのです。太陽光発電が大量導入された結果、火力発電所の稼働率は下がりました。そのため、火力発電所の売り上げが減り、運転維持費すら捻出できなくなって、次々に閉鎖されてしまったのです。

その結果、何が起こったでしょうか。

火力発電所が不足したため、需給が逼迫したときに、必要な供給力が確保できなくなりました。太陽光発電はもとより都合よく発電してはくれません。2022年3月22日には東京電力管内では大停電一歩手前になりましたが、そのときも太陽光発電はほとんど発電していませんでした。

電力の安定供給のためには、本来は、応分の対価をみなで支払って稼働率が低下した火力発電所を維持する必要があります。

しかし、火力発電の優遇は「脱炭素」の方針に反する上に、既存の電気事業者の発電所の維持に対価を支払うことは「電力市場自由化」の方針に反する、という風潮があって、それが疎《おろそ》かになっているのです。

そもそも、なぜ電力市場の自由化は行われたのでしょうか。

平成のはじめまでは、東京電力や関西電力などがその地域の電気を独占的に供給していました。しかし、これでは電気料金が十分に下がらないという理由で、電力会社を新規参入させて競争させることで利用者の利便性を高めようとしたのが「電力の自由化」です。当初は、**供給力不足などは想定外**でした。しかし、結果として供給力不足が発生し、電気料金も下がるどころか逆に上がってしまったのです。

政府目標を実現しようとすれば、8年後の電気料金は5倍に⁉

日本は菅義偉《よしひで》政権のときに、2030年までのCO_2削減目標(2013年比)を26%から46%へと、20%も引き上げました。そして、エネルギー政策の基本的な方向性を示すエネルギー基本計画書には「再エネ最優先」と書き込まれました。これは当時の小泉進次郎環境大臣と河野太郎規制改革担当大臣が押し込んだものです。

しかし、これを実現しようとすると、費用はいったいいくらかかるのでしょうか。政府は沈黙したままです。

これまでの実績を確認してみましょう。再生可能エネルギーは過去10年間、「再生可能エネルギー全量固定価格買取制度」のもとで大量導入されてきました。これによるCO_2削減量は年間約2・4％に達しています。

ところが、これには莫大な費用がかかりました。それを賄うため、「再生可能エネルギー賦課金」が家庭や企業の電気料金に上乗せされて徴収されてきたのです。この賦課金は総額で年間約2・4兆円（2019年度）に達しています。

これは1人あたりで約2万円ですから、3人世帯では6万円になります。3人世帯の電気料金はだいたい月1万円、年間では12万円くらいです。12万円に対して6万円ということは、賦課金によって実質的に電気料金が1・5倍になるほどの、極めて重い経済負担がすでに発生していることになります。国の総額でみると、2・4兆円を負担して2・4％の削減なので、これまでの太陽光発電等の導入の実績からいえば、CO_2削減量1％あたり毎年1兆円の費用がかかっているわけです。すると、単純に計算しても**20％の深掘り分だけで、毎年20兆円の費用が追加でかかる**ことになります。

言うまでもなく、20兆円というのは巨額です。今の消費税収の総額がちょうど約20兆円です。すなわち、**20％もの数値目標の深掘りは、消費税率を今の10％から倍増して20％にすることに匹敵**します。

これを世帯あたりの負担に換算してみましょう。

20兆円を日本の人口一人あたりで割ると約16万円、3人世帯だと3倍の48万円です。電気料金が年間12万円で、それに48万円が上乗せされるとなると、電気料金が実質5倍の60万円になってしまいます。

もちろん、現実にはこれらすべてが家庭の負担になるわけではありません。しかし、たとえ企業が負担するとしても、それによって給料が減ったり物価が上がったりして、結局は家庭に負担がのしかかります。政府が目標に掲げた2030年といえば8年後です。

これに国民が耐えられるとは、到底思えません。脱炭素は**必ず破綻します**。

「炭素税で経済成長」は根本的に間違い

電気代が上がるだけでも国民の生活は十分に苦しいのに、岸田政権はさらに、化石燃料の炭素含有量に応じてコストを課する「カーボンプライシング」まで導入しようとしています。

２０２２年６月21日には環境省の審議会が開かれ、「CO_2排出１トンあたり１万円の炭素税をかけても経済成長を阻害しない」という試算が示されました。

いったいどういう理屈でそうなるのでしょうか？

その主張をまとめると「炭素税の収入の半分を省エネ投資の補助に使うことで、経済成長を損なうことなく、CO_2の削減ができる」とのことです。

そんなはずはありません。

CO_2排出１トンあたり炭素税１万円なら、日本の年間CO_2排出量は約10億トンなので、税収は10兆円となります。この金額は消費税収20兆円の半分にあたるので、**消費税率を10％から15％に上げるのと同じこと**です。普通の経済感覚があれば、これが大変な不況を招く結果になることはすぐに分かることでしょう。

この「炭素税1万円」が実際に導入されれば、人々の生活はどうなるでしょうか？

北海道などの寒冷地では、年間のCO_2排出量は一世帯あたり5トンを超えます。つまり、炭素税率1万円ならば、年間5万円の負担が発生するわけです。過疎化、高齢化が進む地方経済にとって、これは重い負担になります。

産業はどうなるでしょうか？

例えば大分県のように製造業に依存している県では、県内総生産100万円あたりのCO_2排出量は6・7トンにのぼります。炭素税率1万円ならば、納税額は年間6・7万円。県内総生産のうちこれだけが失われると、企業の利益など軒並み吹っ飛んでしまうことでしょう。

また、**「炭素税収を原資に、大々的に省エネ投資への補助をすれば経済は成長する」という議論もナンセンス**です。

確かに、数値モデル上では、そのようなことも起こりえます。「愚かな企業や市民がエネルギーを無駄遣いしている」ところを「全知全能のモデル研究者と政策決定者」が儲かる省エネ投資に導く、という前提になっているからです。

しかし、**「政府が税金を取って、民間に代わってどの事業に投資するか意思決定することに**

よって経済成長が実現する」という考え方は、そもそも経済学の常識に反します。特に省エネ投資のように、大規模な公共インフラとは異なり、無数の企業や市民が自分の利害に直結する意思決定をする場合は、なおさらです。政府の補助があったので購入したものの、受注が不調で工場が稼働しない（で使われていない）、という〝ピカピカの無駄な設備〟は日本のいたるところにあります。

政府の補助をもらってゼロエミッションの大きな住宅を建てたものの、予想外に家族構成が変わってしまい、一人で住むことになってしまった。そこでローンの支払いに苦労するといったこともあるかもしれません。

将来のことはよく分からないと思ったら、あまり大きな投資をしないで、現金を手元に置いておいた方がよい、というのは常識的な経済感覚を持つ経営者や普通の人々がする賢明な判断です。単純な計算では、投資回収年数が短くて、一見するとすぐに元が取れそうな省エネ投資でも、現実にはあまり進まないというのは、それなりに合理的な理由がある場合が多いのです。

政府には、エネルギー効率が悪い粗悪品を市場から排除したり、エアコンなどの機器のエネルギー消費量の表示を義務付けたりすることで、消費者に情報提供をするといった役目はあります。しかし、個人が何を買うべきかまでこまごまと指図するのは出しゃばり過ぎです。

政府の事業はよく失敗します。これは決して政府の人間が無能だからだということではありません。政府が何か事業をするとなると、政治家が介入し、官僚機構が肥大し、規制を歪ませて利益誘導しようとする事業者が入り込むので、うまくいかないことが多いのです。これを経済学では「政府の失敗」と言います。

「政府が民間より効率的に投資ができる」という発想は、計画経済そのものです。

北朝鮮と韓国と、どちらが経済成長したかに思いを馳せれば、この考え方の愚かしさが分かるでしょう。朝鮮戦争の直後に南北が分かれた時点では、むしろ北朝鮮の方が工業化は進んでいて、韓国の方が遅れていたのです。

ところが、今では大きく逆転しています。

韓国は先進国なみの経済水準に達したのに、北朝鮮は世界で最も貧しい水準です。

このように、環境省審議会の試算は前提のところですでに根本的に誤っています。モデルの詳細は資料を見てもブラックボックスになっていてよく分かりません。というより、知る価値もありません。

こんな経済学の初歩に反するような話がなぜ政府の審議会で大手を振って議論されるのでしょうか。審議会の委員のセンセイ方は何をしているのでしょうか。知り合いのエネルギー経済学者に聞いてみると、経済学を本当にやっている人は、環境やエネルギーのことをよく知らず、興味もないので口を出さないのだそうです。その結果、このような審議会に出てくるセンセイ方は政府のお気に入りの御用学者ばかりとなる。御用学者だらけの学会も学部もあるので、何も困ることもない。博士にもなれるし、先生にもなれて食い扶持《ぶち》には困らない。それどころか、「気候変動」という接頭辞をつければ潤沢な政府予算をもらうこともできる。残念ながらこんな構図になっているようです。

再エネ大量導入は日本の製造業にとって有害無益

最近よく聞く意見に「日本は海外に比べ温暖化対策が遅れている。製造業が生き残るためには、製造工程でのCO_2を減らすために、ゼロエミッション電源の比率を上げなければいけない」というものがあります。ゼロエミッション電源というのは、原子力や再生可能エネルギー

（太陽光、風力、地熱、水力）などによる、発電時にCO_2を排出しない電源のことです。

もちろん、原子力の再稼働でゼロエミ電源比率を上げるなら、安価なので何も問題はありません。しかし、再エネの一層の大量導入でそれをやろうとすると、コストが嵩みます。これでは、CO_2云々以前に、そもそも日本の製造業自体がサプライチェーン（供給網）に生き残れず、全滅してしまいます。

海外が製品のサプライチェーンに対してゼロエミを義務付けるといっても、すべての企業がそうするわけではありません。世界全体での割合でいえば、ごく限定的になると思われます。

ここでは仮に「米国とEUのすべての企業が輸入品に対してゼロエミ電源100％を義務付ける」と想定した上で、日本の輸出のために必要なゼロエミ電源の量を勘定してみます。

日本の対世界の輸出総額は2019年は7060億ドルでした。このうち、対EU輸出総額は820億ドルで、対米輸出総額は1400億ドルです。したがって、これに対EUと対米分を足すと2220億ドル。これは輸出総額の31％にあたります。

これに対して日本のGDPは5兆1540億ドルでしたから、米国とEUへの輸出合計金額はGDPとの比率では2220／51554＝4・3％に過ぎません（以上のデータは日本貿易振興機構・ジェトロによる）。

ここでGDPを1円生み出すための電力消費と、輸出を1円にするための電力消費を等しいとすると、**日本の電源の4・3％だけゼロエミッションになっていれば、それを使うことで米国とEUへの輸出製品はすべてゼロエミッション電源で賄える**ことになります。

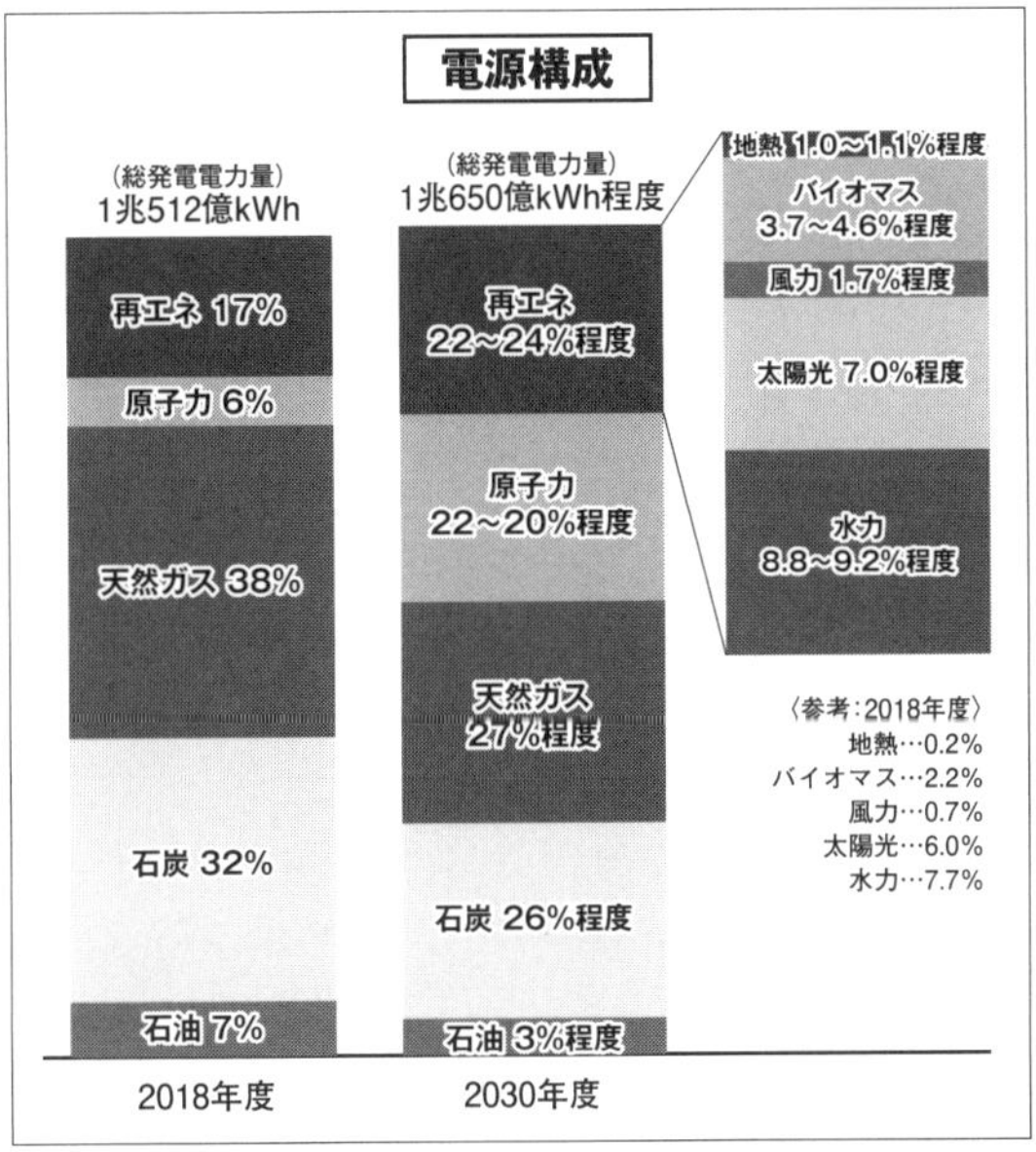

日本の電源構成（経済産業省資源エネルギー庁「日本のエネルギー2020」より）

具体的な業務手続きとしては、輸出する製品について投入電力量を計算し、実際にそれだけのゼロエミ電力を買えばよいのです。もしそれで足りなければ、それに見合うだけのゼロエミ電力の証書である「非化石証書」を買えばよいのです。

日本のゼロエミ電源比率は2018年度で23％でした。これは2030年度には44％になる予定（図1）なので、**実は日本のゼロエミ電源は、すべての輸出を賄ってなお〝あり余っている〟**

のです。

もしも強引に再エネを大量導入して、前述のように電気料金が高騰すれば、**日本の製造業は壊滅**するでしょう。

そんなことはせずに、原子力の再稼働を進める一方で、輸出するために必要な企業には、非化石証書を買い求めやすくするような制度設計をしてゆけばよいのです。

輸出する企業だけがゼロエミ電気を購入したり非化石証書を買ったりするというのは、いかにも歪《いびつ》に感じるかもしれません。けれども、私は、欧米も似たようなことをやるようになるとみています。電源構成は、欧米も日本も似たり寄ったりだからです。

例えば米国の電源構成を見ると、日本同様に化石燃料が半分以上を占めています。このためすべての企業がゼロエミ電源に切り替えることは不可能であり、一部の企業しかゼロエミ電源にはできません。また、しばしば日本と欧州諸国を比較した、こんな意見も聞かれます。

「フランスは原子力発電が多いから火力発電の多い日本よりCO_2原単位が低くて、今後の自動車生産は日本ではなくフランスでやることになるのではないか」

「スウェーデンの水力を使ってCO_2ゼロのバッテリーを造ると、日本の電源構成では太刀打

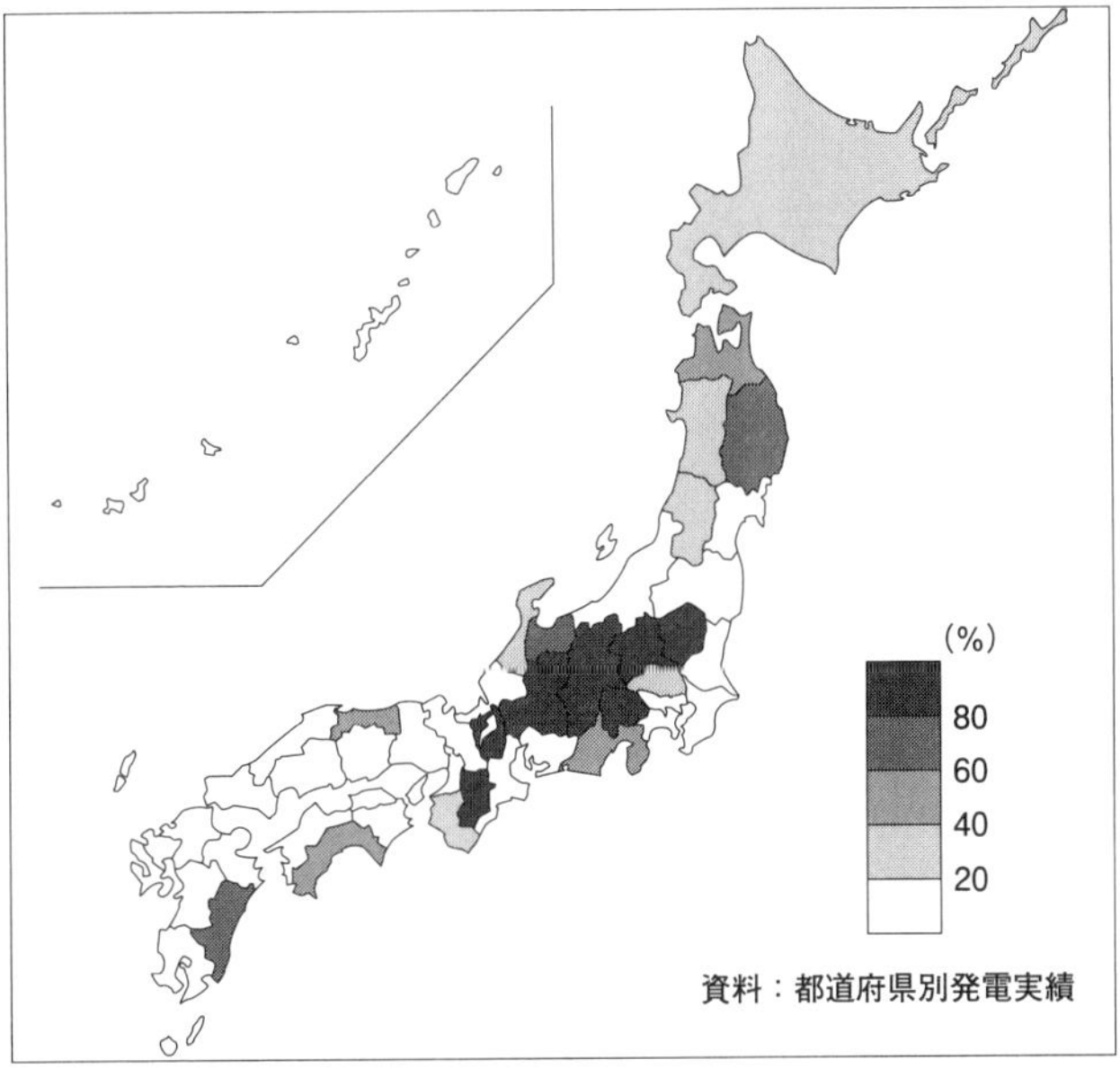

再生可能エネルギー発電割合（2018 年。図は総合地球環境学研究所による。データは資源エネルギー庁　都道府県別発電実績）

ちできない」

実際に発電の割合を確認すると、フランスは原子力が69％を占めています。スウェーデンは原子力が38％、水力が40％で合計すると78％になっています（国際エネルギー機関（ＩＥＡ）、Monthly Electricity Statistics–Data up to December 2019）。

けれども、ＥＵ全体として見てみれば、日本も原子力さえ再稼働すれば、欧州諸国とたいして電源構成は変わりません。ということは、ＥＵ企業ができることと日本企業ができることはたいして変わらないはずです。

つまり、ＥＵの企業がフランスの原子力の電気を買ったり、スウェーデンの水力の電気を買ったりしているのと同じことを、日本もやればよいのです。例えば、日本にバッテリー工場を建てるとき、ゼロエミにしたければ、水力の電気を買えばよい。あるいは、日本の自動車工場も、原子力ないしは太陽光によるゼロエミ電力を買えばよい、ということです。

実は日本でも、県別に見るならば、特に中部地方にはゼロエミ電源比率が１００％近い県がいくつもあります。水力発電所が多い長野県、岐阜県、山梨県等です。

すなわち、**日本の中にも「スウェーデン」がある、**ということです。製造業はCO_2を理由に日本を出る必要などありません。ちなみに、これは偶然ですが、この地域の人口を足すと、ちょうどスウェーデン並みになります。中部地方は製造業も盛んですが、必要なら、このゼロエミ電気を安く買えるように制度を作ればよいだけの話です。

そしてもちろん、原子力が本格的に稼働すれば、今度は日本の中に「フランス」ができることになります。

このように、日本にゼロエミ電源はあり余っているのです。**「日本製造業がサプライチェーンに生き残るために再エネ大量導入が必要だ」などという考えは、百害あって一利なし**でしょう。

洋上風力も中国依存への道

洋上に風車を設置して発電する洋上風力発電を再生可能エネルギー拡大の「切り札」として期待する声もあります。資源エネルギー庁が２０２０年12月に発表した「洋上風力産業ビジョン（第１次）概要」には、「洋上風力発電は、①大量導入、②コスト低減、③経済波及効果が期待され、再生可能エネルギーの主力電源化に向けた切り札」であるとされています（https://www.enecho.meti.go.jp/category/saving_and_new/saiene/yojo_furyoku/dl/vision/vision_first_overview.pdf）。

洋上風力は、安定した強い風の吹く北海・バルト海の地理的有利性を活用して、欧州諸国が世界の風力発電の先頭に立って進めてきました。

しかし、この状況はすっかり変わっています。

２０２１年に世界で導入された洋上風力設備容量２１００万キロワットのうち、中国が8割、１８００万キロワットを占めているのです。設備製造量のシェアでも、２０２１年には中国が世界の4分の3を占めました。陸上風力発電設備についても、その半分以上は中国メーカーにより供給されています。中国メーカーは、欧州市場にも進出を始めています。**太陽光発電だけではなく、風力発電もいまや中国が世界市場を席捲している**のです。

日本は今から洋上風力を導入し、2030年までに1000万キロワット、2040年までに3000〜4500万キロワットにするという計画になっています（洋上風力産業ビジョン）。しかし、それでは、中国製品を大量に輸入することになるのではないでしょうか。仮に日本のメーカーが建てるとしても、部品は中国から供給されるのではないでしょうか。

発電機には磁石が必要です。この磁石に用いるレアアース「ネオジム」の採掘・精錬は中国が世界の9割を占めています。これを原料として生産するネオジム磁石も中国が世界の9割を占めており、日本には1割しかありません。

つまり、**「脱ロシア」・「脱炭素」を理由に風力発電を推進すると、欧州も日本も、今度は新たな中国依存を作り出すことになる**のです。

そもそも日本は、風況が悪いので、風力発電には向いていません。日本で洋上風力発電の建設が多く予定されているのは北海道や東北地方の日本海側ですが、風力発電設備の稼働率は安定した偏西風が吹く欧州に比べて低くなり、それだけでコストは5割増しになるのです。

また、洋上風力建設にあたっては、国防上の問題も指摘されています。海洋の地形・気象データが中国企業に漏洩すること、また、防衛用のレーダーの機能に支障が出て、ミサイルが発見できなくなるなどです。

この状況で洋上風力を推進するとなると、高いコストは国民負担となって跳ね返り、中国企業ばかりが儲かり、防衛上の問題が生じるのみならず、中国依存がますます高まります。これでは、太陽光発電の失敗の二の舞いになるのではないでしょうか。

「EV先進国」ノルウェーの実態

「脱炭素」の話題と関連して、よく日本は欧州に比べて「EV化」（電気自動車の普及）が遅れていると言われています。

しかし、本当に欧米はそれほど〝進んで〟いるのでしょうか？

ノルウェーは世界で電気自動車（EV）の導入が最も進んでいると言われています。ノルウェー国内で人気のフォルクスワーゲン・ゴルフを例にとると、2010年にノルウェーで販売されたゴルフの新車の90％はディーゼル車でしたが、２０２０年には新車の90％以上がＥＶになりました（Information Council for the Road Traffic in Norway）。

これほどまでにＥＶが普及した理由としては、国民の環境意識の高さや、ノルウェーの地形的な事情（自動車の移動は主に狭い都市域）、水力発電による低い電気料金などがよく指摘されています。

しかし、なにより大きいのは、強引とも言えるＥＶ優遇策です。

電気自動車はあらゆる税を減免され、車体価格がディーゼル車よりも安くなっています。その他にも、**至れり尽くせりの優遇策**が実施されているのです。

＊購入・輸入時の税金がかからない（１９９０年～）
＊購入時の25％の付加価値税を免除（２００１年～）
＊道路税の免除（１９９６～２０２１年。２０２１年から軽減税率。２０２２年からは全額課税）
＊有料道路やフェリーの料金が無料（１９９７～２０１７）。フェリー料金は定価の50％以下（２０１８年～）、有料道路の料金は最大で定価の50％（２０１９年）

＊市営駐車場の無料化（１９９９〜２０１７年）、駐車場料金の上限を定価の50％以下（２０１８年〜）
＊バスレーンの利用が可能（２００５年〜）
＊社用車税を50％減税（２０００〜２０１８年）。軽減率を40％（２０１８年〜）、２０２２年からは20％に引き下げ
＊リースにかかる25％の付加価値税を免除（２０１５年）
＊電気ワゴン車に変更する際の石油ワゴン車の廃車に対する補償（２０１８年）

近年、一部ではさすがにこれらの優遇措置を弱めてはいるものの、大盤振る舞いは続いています。なぜこんなことができるのでしょうか？

「北海油田」の石油・ガスの輸出から潤沢な収入が得られるからです。それが強力なＥＶ優遇策の原資になっています。

ノルウェーの石油・ガス等の生産量は日量４００万バレルに達しています。日量４００万バレルといえば日本の石油消費量とほぼ同じです。

ノルウェーはこの石油・ガスを輸出して、莫大な利益を上げています。輸出金額の実に半分以上が石油・ガスの輸出です。

さらに直近の2021年最終四半期には、石油・ガス価格の高騰を受けて、ノルウェーの石油・ガスの輸出額は1カ月あたり115億米ドルに達しました。これは、前年同期の約3倍にあたります。仮にこのペースで続くならば、年間あたり1380億米ドルだから約20兆円分もの輸出になります。

素朴な疑問として、石油・ガスの生産で収入を得て、それでEV化を推進するということは、果たしてCO_2を減らしているのでしょうか？　増やしているのでしょうか？

ある試算によると、「EV導入によって1トンのCO_2を減らす」ための原資を稼ぐのに必要な石油・ガスを生産・輸出し、それが消費されることによって、45〜73トンものCO_2排出を引き起こしているそうです。これが本当なら、**EV導入によってかえってCO_2を何十倍も発生させている**ことになります。

つまり、**EVは現状では、実力で普及しているのではなく、莫大な費用をかけて、政策的に強引に導入されているに**過ぎないのです。

ＥＶを普及させる裏で活発な石油・ガス輸出が行われるという矛盾――こんなことで果たして「脱炭素」はできるのでしょうか。

だから、ノルウェーを見て同じようなＥＶ普及がすぐ日本でもできると思うのは早計です。それを目指すならば、相当な経済負担が生じることになります。バッテリーなどに相当な技術進歩がない限り、ＥＶの本格的な普及はまだまだ先の話のようです。

「環境教育」にこそ求められるファクトフルネス

これまで見てきたように、嘘やごまかし、プロパガンダが横行しているのが環境問題の世界です。

近年では、「環境教育」も盛んになってきていますが、その内容は相変わらず「地球温暖化脅威論」の物語をすりこむことが大半のようです。そんなものを子供たちに教えるよりも、思い込みや政治的意図に左右されないように、まずは「データに基づいて」考えることを教える方がよっぽど大切だと思います。「本当にその〝物語〟は正しいのか？」と疑ってかからなければなりません。

今日の子供たちは、「地球は気候危機にある」「2050年までのCO_2をゼロ（＝脱炭素）にしないと破局が訪れる」というスローガンを毎日のように浴びています。メディアでも学校でも、そう教わっています。しかし、その根拠となるデータを教わることは滅多にありません。

観測データや統計データを見れば、

・「北極の海氷がなくなって絶滅する」と言われた北極グマは、実は増えている。

・「温暖化による海面上昇で沈没する」と言われたサンゴ礁の島々は沈んでなどいない。

・温暖化で「激甚化」しているとされる台風は強くなっていない。

といったことが、はっきりと分かります。

メディアからアイドル的にもてはやされている環境運動家のグレタ・トゥンベリは「科学の声を聴くべきだ」と言って一部の政府役人や学者の意見に従うように訴えています。

しかし、**特定の人の意見に従うというのは「政治的」態度**に過ぎません。**「科学的」態度とは、**

データに基づいて論理的に考えることです。

環境教育とは、決して「環境運動家になるよう洗脳する教育」ではなく、「データをきちんと読んで自分で考える能力をつける教育」であるべきです。

イギリスでは、国営放送のＢＢＣなどが地球温暖化で起きる恐ろしい災害映像を連日放送した結果、子供の５人に１人が地球温暖化による災害の悪夢を見るにいたったという報告もあります。しかし、「テレビで言っている」「みんなが言っている」から正しいとはかぎりません。

思い込みに囚われず、データをもとに〝地球の今の姿〟を理解しなくてはいけません。必要なデータは、実はどれも公開されているものばかりです。誰でも探して見ることができます。

それにもかかわらず、本当にデータを知っている人は、メディアにも政治家にも官僚にもほとんどいません。大人といってもデータを見ていない人ばかりなのです。

それより始末が悪いのは、**都合が悪いデータを故意に無視する大人が大勢いる**ことです。

さて、データに似たものとしては、シミュレーションの結果があります。地球温暖化による被害予測のほとんどは、未来を予測するシミュレーションに依存しています。

しかし、これには要注意です。そもそも、気候がどう変わるかというシミュレーション自体が、とても不確かなものなのです。観測データとシミュレーションの結果というのは、どちらもグラフで示されるので区別がつかない人も多いようですが、実は両者はまったく性質の異なるものです。

地球環境という極めて複雑な問題を扱うとき、最も大事なのは観測データの統計です。シミュレーションは、どんなに複雑なものであっても、地球環境という現実に比べると、それを大幅に単純化したモデルに基づくものに過ぎず、精度の高い予測にはなりえません。

さらに、人間社会も極めて複雑です。人間社会が変わり続けること、そして人間社会が実に柔軟に気候の変化に適応してしまうことは、シミュレーションではまず表現できません。

例えば、温暖化のせいで、熱中症による死者が増えるという試算があります。もちろん、暑い日でも今とまったく同じように人が行動していれば、死者は増えるかもしれません。けれども、本当に暑くなったときに、行動を変えない人はいないでしょう。暑いときには外出をせず、涼しいときに行動する。あるいは、涼しいところに住むようにする。冬が暖かくなれば、冬に外出を増やすかもしれない。

それに、技術は進歩していきます。建物の断熱性能は良くなり、エアコンもますます普及します。ＩＣＴを活用した健康管理や老人見守りサービスも発達します。こういった人間社会の変化は、シミュレーションにはほとんど反映されていません。

実際には、今から１００年かけて気温があと１～２℃上がったとしても、エアコンの普及や医療の進歩などの適応能力の向上を考慮するならば、東京に住む人にとって、熱中症で死亡するリスクは減る一方でしょう。**人間社会の変化は温暖化の進行よりはるかに速い**のです。

だから、「人間社会の諸事情を現在と同じにして」という前提のもとで、将来の地球温暖化による被害をシミュレーションしても、現実にはほとんど意味のない結果が出てきます。

地球温暖化の被害というと、メディアがおどろおどろしい災害の映像を流すなどして「なんとなく」怖い印象が世間に広まり、「CO_2排出をゼロにしなくてはならない」という認識が広く流布されてきました。しかし、本当のところは地球温暖化で何が困るのか、冷静に見極める必要があります。

２０２１年１月のＮＨＫスペシャル『２０３０ 未来への分岐点（１）「暴走する温暖化〝脱炭素〟への挑戦」』では、「すでに温暖化の悪影響が起きている、地球が壊れている、今すぐ行動しないといけない！」といって、最近欧米で流行している、若者が温暖化阻止訴運動の学校ストライキとデモの様子を流し、日本の若者に「行動せよ！」と訴えていました。

しかしむしろ若者は、学校でストライキをする前に、データを読めるように勉強して、事実関係を自ら確認するべきではないでしょうか。

まずは「思い込み」や「人から聞いた話」ではなく、「観測データや統計データ」に基づいて考える力を付ける必要があります。その上で、何をすればよいか、知恵を働かせて判断すべきです。

環境教育を「イデオロギー教育」にしてはいけません。環境教育にこそファクトフルネスが求められているのです。

第4章

これからは脱・脱炭素だ

世界で復活する「石炭」

「脱炭素」関連の話題では、これまでなにかにつけて〝**目の敵**〟**にされてきた石炭**ですが、実は今、ウクライナでの戦争勃発後の世界的なエネルギー危機を受けて、石炭の〝復活〟が起きています。

インドは、2030年末までに石炭火力発電設備を約4分の1拡大する計画です。設備容量にすると56ギガワット（1ギガワット＝100万キロワット）となり、これは現在の日本（48ギガワット）を上回る規模です。

インドは再生可能エネルギーへの大規模投資も計画していますが、エネルギー貯蔵コストが下がるまでは、増加する燃料需要に対応するために、躊躇《ちゅうちょ》なく石炭火力に頼ろうとしています。ラージ・クマール・シン電力相は、ニューデリーでインタビューを受けた際に「経済成長を促進するために信頼できる電力供給を優先する必要がある」と語り、「経済成長に妥協しない」と述べていました。

中国は2025年以降に石炭消費量をピークアウトさせると宣言していますが、中国の国有送電会社である国家電網の研究者らは、それまでに150ギガワット相当の石炭火力発電所建設が承認される可能性があると見ています。この設備容量は現在の日本の3倍相当です。中国は今後50年分の石炭を埋蔵しています。中国の石炭消費量は日本の約20倍だから、これは日本の1000年分の消費量に相当します。

イギリスは、稼働を停止する予定だったいくつかの石炭火力発電の稼働を延長しています。韓国電力は、石炭火力発電量の削減についての自主的取り組みの緩和を、政府に要請しています。

欧州などのバイヤーは、ロシアからのエネルギー輸入の代替として、アフリカの石炭を高値で買い付けています。タンザニア、ボツワナ、マダガスカル、南アフリカなどからです。

欧州から産業が〝脱出〟する

他方では、欧州では、エネルギー危機を受けて、エネルギー多消費産業は米国へ生産拠点を移しています。米国は世界一の産油国・産ガス国であり、石炭埋蔵量も世界一。とにかくエネルギーが豊富でしかも安いのです。ロシアからの安価なガス供給がなくなって、エネルギー価格が高騰した欧州から、産業の大脱出が起きています。

オランダのアムステルダムに本社を置く化学会社オーシー（OCI NV）は、2022年9月にテキサス州のアンモニア工場の拡張を発表しました。欧州のアンモニア生産量を削減したOCIは、代わりにオランダのロッテルダム港にある施設への輸入を増やしました。

ドイツの自動車メーカー・フォルクスワーゲンAGは、2022年はじめに米国での事業拡大を発表しました。

ウォールストリート・ジャーナル紙は、テスラ社がドイツでのバッテリー製造計画を一時停止し、米国での生産の可能性を検討していると報じました。

欧州の鉄鋼会社アルセロールミッタルSAは、2022年9月にドイツの2工場での減産を発表しましたが、テキサスの工場への同年度の投資により、同社は予想を上回る業績を上げたと報告しました。

欧州最大の天然ガス消費者であるドイツの化学大手BASFはベルギーとドイツの工場で減産を行いました。経営者たちは「これが構造的な変化か一時的なものかはまだ分からないが、長い間エネルギー危機が続けば恒久的な産業移転になるだろう」と述べています。

欧州では今、いったい何が起きているのでしょうか？

「脱炭素」の誤りを認めようとしない欧州の〝偽善〟

ウクライナ戦争の直前まで、欧米諸国は「脱炭素」に邁進し、エネルギー安全保障をなおざりにしてきました。そのせいで、いま世界中がとばっちりを受け、ひどい目に遭っています。

ＥＵはガス輸入量を４割もロシアに依存してきました。ドイツなどの脱原発に加えて、脱炭素のせいです。石炭火力は縮小され、足下に埋まっていたシェールガスの開発も行われませんでした。その結果、風力発電とロシアからのガス輸入が拡大し、「風とロシア頼み」の状態になってしまったのです。そして、２０２１年は、たまたま風が弱かったので、風力発電の量が減少したことから、エネルギー価格が高騰し、例年以上にロシアのパイプラインによる天然ガス輸入に大きく依存することになりました。

そんな折、ロシアのプーチン大統領は翌２０２２年２月、ウクライナに侵攻します。「経済制裁をするならしてみろ、天然ガスが買えなくなって困るのはお前たちだ」と欧州の〝弱み〟を見透かしたわけです。

欧州各国は、ウクライナ侵攻が始まると、経済制裁として「エネルギー輸入の段階的停止」を宣言しました。しかし、逆にロシアからガスの供給を止められ、エネルギーの不足と価格暴騰が起きました。

慌てた欧州は、「脱炭素」はどこへやら、「脱ロシア」を進めるためとして、あらゆる化石燃料の調達に奔走することになったのです。

英国は新規炭鉱を開発し、ドイツ、イタリアは石炭火力を再稼働しました。欧州は世界中から石炭を購入し、液化天然ガス（ＬＮＧ）も米国から大量に買い付けています。

欧州の一連の〝爆買い〟のせいで、世界中のあらゆる化石燃料エネルギーが品薄になり、エネルギーの国際価格が暴騰。全世界に〝危機〟が伝播したのです。

これに対処するため、インドは、燃料輸入に補助金をつけた上で、石炭火力発電所にフル稼働を命じました。さらに、１００以上の炭鉱を再稼働し、今後2～3年で1億トンの石炭増産を見込んでいます。炭鉱の環境規制も緩和しました。ベトナムも国内の石炭生産を拡大しています。中国は2022年だけで年間3億トンの石炭生産能力を増強しています。これは日本の年間石炭消費量の倍近くにあたります。

増産できる国はまだいいでしょう。最も気の毒なのは資源を持たない貧しい国々です。

スリランカでは経済が破綻して大統領が国外逃亡しました。これは数々の失政の帰結ですが、政権への〝とどめの一撃〟は自動車用のガソリンが買えなくなり枯渇したことでした。

欧州の〝大失敗〟のせいで、途上国はみな化石燃料と電力の確保に必死なのです。

ところが欧州諸国の政府は、脱炭素政策という誤りで世界に迷惑をかけたことを認めません。

それどころか、2022年5月にベルリンで開催されたG7エネルギー環境大臣会合では、「脱炭素のため」として、年末までに化石燃料事業への海外融資を停止すると合意してしまいました。ウクライナで戦争が始まってから3カ月というタイミングで、このトンチンカンぶりはひどいものです。

途上国への海外融資を停止する一方で、欧州が化石燃料の調達に世界中を奔走しているのは、完全に〝偽善〟です。

欧州諸国の政府は「石炭の使用は一時的なものであり、ネット・ゼロの方針に変わりはない」

と言ってはいますが、ウクライナでの戦争が長引き、エネルギー危機が継続すれば、おそらくそんなことは言っていられません。

少なくとも、インド・中国をはじめ、世界中の新興国・途上国は、欧州のそんな話を信じることなく、エネルギー安定供給のために石炭をはじめとした化石燃料の増産に励むでしょう。

なにしろ、今回のウクライナ戦争を通じて、**欧州はいざというときには助けてくれるどころか、世界中の化石燃料を買い漁って問題を作り出す側に回る**ことが〝証明〟されたからです。

先進国は「ロシアへの経済制裁」を呼び掛けていますが、途上国はこれにほとんど参加していません。G7の権威は失墜しました。

ロシアの原油は輸出先が変わり、先進国ではなくブラジル、エジプトなどになりました。サウジアラビアとUAE（アラブ首長国連邦）もロシアから購入し、代わりに自国の石油を輸出するという、「産地ロンダリング」をしています。

燃料は肥料生産に必要で、肥料は食料生産に必要ですが、ロシアは燃料と肥料、食料の一大輸出国です。多くの途上国は、宣教師のように「再生可能エネルギー」を押し付けたり、内政干渉したりするG7よりも、余計なことを言わず〝本当に必要なもの〟を与えてくれるロシアや中国になびいています。

独裁主義のロシア・中国は、世界中の途上国と、化石燃料はもとより、あらゆる資源を共有し、民主主義のＧ７との「政治システム闘争」を続ける構えです。

この**闘争に負ければ、日本も「自由な国」ではなくなります。**

「新冷戦」時代に求められるのは安全保障と経済成長

地球温暖化問題が国際社会の注目を浴びたのは１９９２年の地球サミットの頃からです。これが１９９１年のソ連崩壊の翌年であることは偶然ではありません。冷戦が終わったことで、「地球規模の問題」に世界全体で協調して対処することが初めて可能になりました。「世界平和が訪れた」というユートピア的な高揚感の下で、地球温暖化問題が世界的な議題になったのです。

しかし今日、**ロシアとＧ７（先進７カ国）諸国の間で、すでに「新冷戦」が始まっています。ロシアの後ろには中国も控えています。ウクライナでの戦争はその代理戦争**です。

新冷戦のもとでは、自らの国力を伸長すること、その一方で、敵の勢力を削《そ》ぐことが重要な目標になります。これまでG7が信奉してきた「再生可能エネルギー偏重型の脱炭素政策」は、この目標にまったく反します。自国経済を痛めつける「経済自滅型」の政策であるのみならず、ロシアや中国の勢力拡大を招くからです。

脱炭素一本槍の欧州のエネルギー政策は完全に破綻しました。

日本でも信奉者の多かったドイツの「エネルギーベンデ（＝エネルギー転換）政策」は、恐るべき災厄をもたらしています。

ドイツは脱原子力と脱炭素を同時に進め、再エネへ移行するとしました。しかし、実際にはそれではエネルギーが足らず、ガス輸入をロシアのパイプラインに大きく依存することになったのです。

ドイツだけではありません。他の欧州諸国も脱炭素を進めた結果、ロシア依存を深めてきました。その結果、いざウクライナ戦争が起こると、経済制裁として「エネルギー輸入の段階的停止」を宣言したものの、あべこべにロシアからガスの供給を止められ、エネルギーの不足と価格暴騰が起きてしまったのです。

英国では2022年の冬に家庭の光熱費が倍増して年間60万円に達する見込みで、暖房が使えず寒さで亡くなる人々が出るかもしれません。ガスを原料とする肥料製造業はすでに欧州全域で操業が低下しています。他の産業も崩壊するかもしれません。

もはや脱炭素に関する世界協調など望むべくもない状況です。

前述の通り、ロシア・中国は、世界中の途上国と、化石燃料はもとよりあらゆる資源を共有し、G7との政治システム闘争を続けています。そこでは「グリーンな贅沢」はどうでもよくなります。

対抗するG7のエネルギー政策も、再エネや電気自動車偏重のイデオロギー的なものであることをやめ、原子力と化石燃料の利用など、安全保障と経済を重視したものに移らざるを得ません。

日本のエネルギー政策はどうでしょうか。

岸田文雄首相が原子力の再稼働にようやく言及したものの、まだ高価で経済負担の大きいグリーン政策の色彩が強いと言えます。これは欧州で完全に失敗した政策です。そして世界はいま、化石燃料に回帰しています。

この教訓を学びとして、**日本は、原子力と化石燃料を重視してその確保を優先し、自滅的な「再**

エネ最優先」をやめるよう、早々に政策転換をすべきです。安全保障と経済にエネルギー政策の軸足を戻し、「国力」を高めなければなりません。

環境政策が途上国を〝亡国〟に導く

先ほども少し触れましたが、経済が破綻して大統領が国外逃亡したスリランカの事例を詳しく見ていきましょう。

実はスリランカは先進国が喜ぶ「環境国家」を目指していた「グリーン優等国」でした。しかし、その環境政策によって〝自滅〟した形になってしまったのです。先進国がグリーンな取り組みを世界中に広めようとしたことが、かえって新興国の経済開発の芽を摘む悲劇を生んでいると言えます。

大規模な貧困、インフレ、燃料不足に見舞われていたスリランカは、2022年4月、対外債務支払いの一時停止を表明し、デフォルト後に政権崩壊に陥りました。スリランカのインフレ率は、6月には54・6％と世界的に類を見ない水準となっていました。5月と6月の2カ月で、食品価格は80%、交通機関は128%も上昇しています。

日本では、スリランカ破綻の原因として「中国が多額の資金を貸し付け、その返済が滞ったため」とする見方もありますが、果たしてそうでしょうか？

スリランカが海外からの借入れに頼り、無謀な投資を続けてきたのは事実です。しかし、対中国の債務はスリランカの債務全体の1割に過ぎません。必ずしも中国からの借金が膨らみ、その利子が高くついたためにデフォルトに陥ったわけではないでしょう。

中国はむしろ、親中的なスリランカの政権を20年間にわたって支えており、その破滅を望んでいたとは考えにくいのです。将来的に「債務のわな」にはめるつもりがあったかどうかは知る由もありませんが、少なくともこれまで中国は、一帯一路の要衝に位置するスリランカの繁栄を望んでいました。

スリランカの経済崩壊は、数々の要因が重なった結果です。それには、無謀な借金による投資拡大のほかに、コロナウイルスの蔓延による観光業の壊滅、ウクライナ危機によって引き起こされた世界的なエネルギー危機などの要因もありました。

しかし、最も根本的な問題は、**有機農業の強行による農業の破滅**だったのです。

スリランカは、窒素酸化物による公害や温室効果を削減するとして、環境に優しい農法を実施すべく、２０２１年４月から化学肥料の使用を全面的に禁止しました。化学肥料の輸入額が大きいことから、その輸入を止めれば国際収支が改善するという短絡的な判断もあったようです。**化学肥料禁止という〝悪手〟によって、スリランカの作物収穫量は大幅に減少**しました。農業が崩壊し、主要な輸出作物も失ったことで、スリランカの貿易収支も急速に悪化します。スリランカの農家の90％は化学肥料を使用しており、これがなければ作物の収量が激減することは明白でした。

従来、スリランカの食糧自給率は１２０％で、自給はもちろん、輸出する余裕がありました。しかし、２０２１年の化学肥料禁止に伴い、米の生産量は２０１９年比で43％も減少してしまったのです。スリランカの人口２２００万人のうち、70％は直接的または間接的に農業に依存しており、農業への悪影響は社会全体に波及しました。

深刻な影響を受けたのは、主食の米だけではありません。重要な換金作物で輸出商品の主力である茶やゴムなども打撃を受けました。国連人道問題調整事務所（ＯＣＨＡ）が２０２２年６月９日に公表した報告書では、２０２１年度の作物生産量は前年度比で40～50％も減少しています。２０２１年11月には化学肥料禁止令が撤回されましたが、すでに手遅れでした。
繰り返しますが、スリランカが目指していたのは、脱炭素化に勤しむ国際機関のいわゆる「グリーンエリート」が喜ぶような、環境に配慮した「優良」国家でした。

スリランカのアマウィーラ環境大臣は20年に「誤った技術の利用、貪欲さ、利己主義」から地球を救うための政府構想を宣言しました。米調査会社のワールドエコノミクスのデータによると、スリランカのＥＳＧスコアにおける環境スコアは１００点満点中98・１点とほぼ満点です。欧州で比較的スコアが高いスウェーデンでも96・１点、米国は50・７点にとどまり、スリランカのスコアの高さが分かります。

ところが、**スリランカの崩壊は、まさにこうした「環境イデオロギー」によって引き起こされた**のです。

スリランカの政治家たちは、熱狂的な有機農業運動を受け入れてきました。毎年スイスのダボスで開催される世界経済フォーラムに集ういくつもの大企業も、スリランカでの有機農業を推進してきました。しかし、**有機農業というのは、一部の余裕のある人々のための〝贅沢〟**に過ぎません。国全体でやるとなると、破滅を招くのです。

これまで、世界の作物の生産量は右肩上がりでした。これは化学肥料、特に窒素肥料の普及のおかげです。他にも品種改良、農薬、機械化、灌漑など、さまざまな技術に支えられてきました。「緑の革命」とも呼ばれている恩恵によって、第二次世界大戦後、世界人口は急激に増加したにもかかわらず、世界の人々の栄養状態は劇的に改善したのです。スリランカの化学肥料禁止は、この成果を〝台なし〟にしてしまいました。

スリランカの破綻において、政権崩壊へのとどめの一撃となったのは、燃料費の高騰でガソリンが輸入できなくなったことです。そして、その原因が欧州の脱炭素政策の〝大失敗〟にあり、スリランカ以外にも世界の多くの国でエネルギー価格の高騰によって貧困が加速していることはすでに述べました。

気候危機説（地球温暖化脅威論）を信奉する指導者たちは、開発途上国の化石燃料使用を抑圧しています。しかし、経済成長には安定したエネルギー供給が必須であり、それには、石炭・石油・天然ガスなどの化石燃料の存在は欠かせません。それにもかかわらず、いま国際機関とG7先進諸国の主要な金融機関は、CO_2排出を理由に、開発途上国の化石燃料事業への投資・融資を停止しています。これは、途上国の経済開発の芽を摘むものです。

天然の恵みで利用可能なエネルギー源を利用することは、すべての主権国家の譲れない権利のはずです。

世界の多くの国は、国際機関や先進国運動家の歓心を買うためにESGスコアを上げようと努力し、ネット・ゼロを目指すことに躍起になっています。しかし、この政策は**第二、第三のスリランカ型の破滅を招いてしまう危険をはらんでいる**のです。

スリランカの破綻は、エリートの願望や偏見に従って政策が形成された場合に、いかに悲惨なことが起きるのかを示しているのではないでしょうか。

先進国のエリートたちによって、何十億人の人々が、化石燃料のない貧困に満ちた未来への道を歩んでいる気がしてなりません。

途上国から先進国へ、年間140兆円の〝請求書〟

一方で、**先進国が途上国から〝反撃〟される動き**も出てきています。

2022年11月、気候変動対策について話し合う国際会議「COP27」(国連気候変動枠組条約第27回締約国会議）がエジプトで開催され、「気候変動による被害を受ける途上国」を支援するために新しい基金を創設することが決められました。日本のマスコミは「途上国を支援する基金ができた」と好意的に報道していましたが、彼らは事の重大さをまったく理解していません。

実はこれは莫大な国民負担になりかねないものなのです。

そもそもなぜこのような基金ができることになったのでしょうか。

原因はこれまでの先進国側の主張にあります。

これまで先進国は、気候危機説に従って「世界中の異常気象はすべて人間が排出してきたCO_2のせいだ」と訴え続けてきました。もちろん、それは間違った認識（人間のCO_2排出と異常気象の因果関係は、まったくないか、まったく分かっていないか、あったとしてもごく僅か）なのですが、バイデン大統領はじめ、先進諸国の代表は、自国の運動家や政治勢力のサポートを得るために、「すべて人間のCO_2のせいだ」としてきたのです。そして、途上国に対しても**「CO_2をゼロにすべきだ」として、化石燃料資源の開発や利用をやめさせて、再生可能エネルギーを押し付けてきました。**

これでは途上国はたまったものではありません。そこで途上国側は「これまで地球環境を破壊したのは先進国だ。以下の３項目にわたって責任をとれ」と訴えて、先進国に対して反撃に出ています。

①化石燃料をやめ再生可能エネルギーにしろというのであれば、その移行（気候変動交渉用語で「トランジション」と呼ぶ）に必要な資金を支払え。
②異常気象を引き起こしているのだから、防災（気候変動交渉用語で「適応」）のための費用を支払え。
③異常気象による損害（気候変動交渉用語で「ロス&ダメージ」）を賠償しろ。

なにしろ先進国自身が「今の異常気象はすべて人間のCO_2のせいだ」と（嘘だけれど）〝自白〟しているのです。ならば、「歴史的にたくさんCO_2を出してきた先進国が途上国の分まですべて金を払え」というのは至極当然の理屈になります。

ＣＯＰ27では、結局、この途上国側の主張が通ってしまい、「気候変動による被害を受ける途上国」を支援するための「新しい基金」が創設されることになったわけです。

パリ協定事務局によるCOP27直後のプレスリリースには「シャルム・エル・シェイク実施計画と呼ばれる総括決定では、低炭素経済への世界的な転換には、少なくとも年間4〜6兆米ドルの投資が必要と予想されることが強調されています」とあります。

年間4〜6兆米ドルといえば日本のGDPに匹敵する金額です。

言及されている「実施計画」を確認すると「低炭素経済への世界的な転換には、少なくとも年間4〜6兆米ドルの投資が必要」という先ほど紹介したプレスリリースの文言に続き、「途上国への資金支援のニーズは現時点までの推定で2030年までに5・8から5・9兆ドル」と書かれています。何のための「資金ニーズ」かというと、「増大する気候変動による影響」と、CO_2等の排出削減と、気候変動への適応の3つの合計、とされています。2030年までの期間で約6兆ドルですから、仮に2024年から2029年の6年間で平均すると、**毎年1兆ドルという巨額**になります。しかもこれは現時点までの積み上げ計算による推定なので、今後、ますます金額は膨らんでいきます。

この金額を先進国がすでに約束したというわけではありません。しかしながら、ここで「年間1兆ドル」という〝相場〟が提示されたことの意味合いは極めて重要です。

「実施計画」によると、新しい基金についての今後の進め方については、「移行委員会(Transitional Committee)を設立し、2023年のCOP28に対して提言する」となっています。この移行委員会のメンバー構成は先進国10人に対して途上国14人です。途上国の人数が多いので、自ずと途上国主導の議論がなされることでしょう。

また、COP28の議長国はUAE（アラブ首長国連邦）であり、COP27のエジプト同様に国連の分類ではこちらも途上国です。これから1年間、この「基金」を議題のトップに据えて、猛攻を仕掛けてくることが予想されます。

ちなみに、2015年のCOP21で採択された「パリ協定」（2020年以降の気候変動抑制のための国際的な枠組み）では、途上国支援のための資金動員目標として「先進国全体で2020年までに官民あわせて年間1000億ドル」という金額が約束されました。2020年までに達成するはずでしたが、実際は未達に終わっています。1000億ドルさえ達成できなかったのに、今回のCOP27では相場が一気に10倍の1兆ドルになりました。会議開催時のレートで日本円にすると約140兆円です。これに日本も1割ぐらいの負担を求められたとすると、年間14兆円です。14兆円といえば消費税なら7％分にあたります（2022年現在、消費税率は10％で税収が約20兆円）。「気候変動目的での途上国への支援のために、7％消費税増税します」と言われて「ハイ、OKです」と答える日本人はまずいないでしょう。

ちなみに米国は、これまでに年間1000億ドルのうち66億ドルしか出していません。これ以上の拠出を議会が認めなかったからです。その背景には、米国では国連を嫌う人が多い上に、敵対的な国まで含めて途上国に支援をするという発想には拒否反応を示す人も多いという事情もあります。

2022年11月の中間選挙では、下院で共和党が過半数になったので、これから当分、ますます米国は拠出を増やせません。予算を主に審議するのは下院であり、共和党は民主党が進めるグリーンディール（米国では脱炭素のことをグリーンディールという）には強く反対しているからです。

報道ベースでは、COP27開始当初は、先進国は一枚岩になって基金設立に反対していましたが、会期終了予定の前日の11月17日になって欧州が譲歩し、米国もそれに同調して、基金設立に合意したそうです。この間、日本が何をしていたのか、筆者は知りません。

米国は、「同調した」といっても、民主党のケリー気候変動特使が率いる交渉団がやったことです。彼らは議会が1ドルも出さないであろうことなど百も承知の上で、民主党の〝ポジション取り〟として合意したに過ぎません。

では、日本はどうなのでしょうか？

米国に梯子《はしご》を外されてもなお、お金を払うのでしょうか？

ちなみに、1997年のCOP3で採択された「京都議定書」（CO_2など6種類の温室効果ガスについて、先進国の排出削減目標などを定めた国際的な取り決め）でも似たようなことがありました。当時米国は2008年から12年までの5年間で排出量7％減（1990年比）を約束しましたが、時のクリントン政権（民主党）は、絶対に議会の承認を得られないことを知りながら、京都議定書に合意します。そして、続くブッシュ政権（共和党）は「中国が参加していない上に、遵守することでアメリカ経済に深刻な打撃を与える」ことを理由に京都議定書離脱を表明。梯子を外された日本は、約束した排出量6％減を守るために、排出権の購入でずいぶんとお金を使うハメになりました。

それにしても、今回は桁《けた》が違います。

日本に限らず、他の先進諸国も、年間1兆ドルなどの支払いなど呑めるはずがありません。この交渉はこれから何年間も行われることになるでしょう。

「パンドラの箱」は開けられてしまいました。

先進国は自らのCO_2ゼロも到底不可能なのに、さらに毎年1兆ドルを途上国に支払うなど、できるはずもありません。「気候危機」を煽って途上国に圧力をかけてきたツケがブーメランとなって帰ってきて自分に命中してしまいました。先進国は逃げ道のない袋小路にはまってしまったのです。

エネルギー・ドミナンスを確立せよ

さまざまな失敗をもたらしている**「脱炭素」に対して、アメリカではしっかりと批判の声**も上がっています。ここが脱炭素を〝妄信〟している日本の政治やマスコミとは大きく違うところです。

2022年3月、かつてトランプ政権の国務長官を務めた共和党の重鎮マイク・ポンペオが米シンクタンク・ハドソン研究所から「ウクライナの戦争は、なぜ世界が米国のエネルギー・ドミナンスを必要とするのかを明らかにした（War in Ukraine Shows Why World Needs US Energy Dominance）」と題する論説を発表しました（https://www.hudson.org/national-security-defense/war-in-ukraine-shows-why-world-needs-us-energy-dominance）。これは米国共和党の考えがよく要約された内容になっています。以下にこの論説のポイントを紹介します。

●ロシアのウクライナ戦争が激化する中、バイデン政権は混乱と弱腰で対応し続けている。この危機の最中もそれ以前も、**バイデン大統領の失敗の核心は、米国のエネルギーを敵視**してきたことだ。

●トランプ政権では、同盟国がロシアのエネルギーに依存しないようにしてきた。パイプライン「ノルドストリーム2」の完成を制裁して阻止し、米国のエネルギーの独立性と優位性を確立することで、世界で最もクリーンな化石燃料を安価かつ効率的に友人に届けることができた。

●我々は米国エネルギー産業の能力を解き放った。エネルギーの優位性は米国に大きな外交力を与えた。

●バイデン大統領がこの政策を放棄したことで、**プーチンは欧州で即座に力を持ち、影響力を持つようになった。**ロシアの石油、天然ガス、石炭の流れは、プーチンの周りを潤し、国内権力を強固にする一方で、消費国、特にドイツに対して直接的な影響力を与え、最悪なことに、**戦争への準備資金を調達することになった。**

●これは、十分に回避できた状況だった。欧州諸国は石炭をロシアに依存しており、ロシアは石炭生産量の3分の1以上をEUに出荷してきた。本来、米国がこのような重要な需要を満たさねばならない。だがバイデン政権は、なぜ、なおも空疎なグリーンディールのレトリックを続け、国内の石炭産業を潰し続けるのか？

●**気候変動について金切り声を上げる進歩的な活動家に後押しされ、バイデン政権はアメリカ**

の石油、天然ガス、石炭、原子力を敵対視してきた。もし、これらの経済的に重要な部門を妨げるような政策が実施されていなければ、米国も欧州も戦略的にはるかに有利な立場にあり、プーチンのウクライナでの違法な戦争を抑止できたかもしれない。

●アメリカ人がクリーンエネルギーに関心を持っていることは理解しており、だからこそ、人類のための電力という新しい国策の重要な要素として、再生可能エネルギーと原子力を支持し続ける必要がある。だが一方で、アメリカの石油と天然ガスは短期的にも、長期的にも答えとなるものだ。

●バイデン政権の歪んだ現実観は、アメリカ経済や安全保障ではなく、気候変動を最優先事項としており、これは悲しいかな変わりそうもない。

●我々は、米国のエネルギーの力を解き放たなければならない。液化天然ガスやクリーンコールなどのクリーンエネルギーを、欧州やインド太平洋地域の同盟国に輸出する努力を倍加させなければならない。

●もしバイデン大統領がこれを実行する気がなく、ホワイトハウスの失敗した政策を今なお動かしている一点集中型の気候変動活動家の言うことばかりを聞いて、国を真にリードする気がないのであれば、我々はそれを共和党の識見によって方向転換させねばならない。それは、我々が次の中間選挙で大勝し、彼の環境に固執したエネルギー政策を覆し、米国のエネルギー・ドミナンスを取り戻すことによって達成される。

なんと力強いメッセージでしょうか。

この論説のキーワードは**エネルギー・ドミナンス（energy dominance）**です。ドミナンスとは、優越とか、支配といった意味です。単なるエネルギー自立（energy independence）ではありません。豊富な供給力によって、敵を圧倒し、つけ入る隙を与えないということです。物量で圧倒するという米国らしい発想です。

この論説を読めば、ポンペオ（および共和党）がエネルギーを「国家経済の兵站《へいたん》」と位置付けていることが分かります。兵站を軽視する国は敗れる――これは日本にとって、第二次世界大戦の重要な教訓だったはずです。

２０２２年秋の米国中間選挙は、事前に予想された「大勝」とはいかなかったものの、下院は共和党が過半数を取りました。上院は民主党が取りましたが、この「ねじれ」によって米国はあらゆる法案を通すことが難しくなります。

特に、予算については主に下院で審議するので、今後は共和党の意向に沿わないものは通らなくなります。共和党はグリーンディール（脱炭素）を嫌っていますから、今後はストップがかかります。それどころか、共和党の幹部の一人は、下院を制した直後に、石油の増産を可能にする法案を提出する意向を示しました。民主党の中にも石油産業で潤っている州で選出された議員がいるので、そのような法案が実現して、グリーンディールの歯車は逆回転を始めるかもしれません。

２０２４年の大統領選挙で共和党が勝てば、さらに世界の動向を変えてゆく可能性はかなり高いと思われます。**日本は、そのときの対米関係まで予想して、バイデン政権下での脱炭素一本槍のエネルギー政策とは距離を置くべき**です。

具体的にはどうすればよいでしょうか？

日本は資源に乏しいので単独ではエネルギー・ドミナンスを達成することはできません。しかし、米国と共にアジア太平洋におけるエネルギー・ドミナンスを達成することはできます。それは、ポンペオが指摘しているように、天然ガス、石炭火力、原子力などを国内で最大限活用すること、そして友好国の資源開発および火力発電事業や原子力発電事業に協力することです。このときには、日本の優れた発電技術が活用できます。

今こそ日米がエネルギー・ドミナンスに舵を切らなければ、中国に打倒されるでしょう。

前述の通り、中国は、ウクライナ戦争後のエネルギー危機を受けて、年間3億トンの石炭生産能力を増強することを決定しました。これだけで日本の年間石炭消費量の倍近くです。

また、中国は2025年に原発の発電能力を7500万キロワットまで増やす計画で、2030年には1億2000万キロワットから1億5000万キロワットを視野に建設認可を進めています。これはフランスと米国を追い抜く規模です。

安価で安定した電力供給を中国が確立する一方、日本は「脱炭素」で高コスト化し、再生可能エネルギーによる不安定な電力しかない——果たしてそんな状態で我々は戦えるでしょうか。

日本は電力自由化の名のもと、大手の電気事業者を解体・弱体化させる一方で、政府は諸制度によって安定供給を担保する方針でしたが失敗し、電力不足に陥りました。

やはり長期的・戦略的視野に立って安定供給を実現するには、責任を持った強くて統合された電気事業者が必要なのではないでしょうか。

それは米国と共にエネルギー・ドミナンスを達成するための条件でもあると思います。

いまや欧米諸国ですら実質的には離脱しつつある脱炭素路線に日本だけが固執するのは、自滅行為にほかなりません。

日本が世界に貢献できる「戦時」のエネルギー政策

繰り返しますが、ロシアによるウクライナ侵攻をきっかけに、世界諸国のエネルギー政策を考える前提は根本から変わりました。

もちろん、これは日本にも当てはまります。

「新冷戦」と言える独裁主義と民主主義の戦いが展開されるなか、「戦時」における日本のエネルギー政策はいかにあるべきでしょうか？

ロシアと欧米の対立は長引く恐れが大です。ロシアは世界市場から締め出されることになり、世界全体で石油・ガスは品薄になり、価格が高騰していきます。

そのような状況下で日本が「脱炭素」「再エネ最優先」といった政策を続ければ、欧州同様に、エネルギーの安価・安定な供給が損なわれ、ひいては国の独立や安全すら危機に陥ることになるでしょう。

いまだに「再生可能エネルギーを増やせば化石燃料は要らなくなる」などと主張する人々も多くいますが、まったく現実的ではありません。再生可能エネルギーには、化石燃料を一気に代替するような実力などないという事実を認識すべきです。

いま再生可能エネルギーを増やすことは、足下のエネルギー価格高騰に拍車をかけ、インフレをますます昂進させるだけです。

日本は、欧米と共に、自滅的な脱炭素政策をやめて、化石燃料を復活させなければなりません。まずは**石炭火力をフル活用すべき**です。そして、**原子力は再稼働を急ぐべき**です。

これは日本国内のみならず世界のエネルギー価格を下げることに貢献します。実はこれこそが、エネルギー輸出に財源を依存するロシアにとって最大の経済制裁になるのです。自由世界の窮状を救いつつ、プーチンに打撃を与えることができます。

他方、国内の工場や家庭では、石油・ガスの価格高騰に直面しています。したがって、せめて電気だけでも可能な限り低廉にすべきです。原子力・石炭火力の活用を図ることに加えて、**再生可能エネルギーの導入支援などのコスト増になる政策は停止すべき**でしょう。

以上のような政策は、2030年にCO_2をほぼ半減（46％削減）するという現行の政府の脱炭素目標と整合しません。したがって、**脱炭素についてはモラトリアム（一時停止）が必要**です。それによって、石炭の最大限の利用と再エネ導入支援の停止をすることができます。

もう一つ。ロシアに気を取られて中国の脅威を忘れてはなりません。

ますます強大になる**中国への依存を見直すべき**です。特に心配されるのが、EV（電気自動車）です。EVはバッテリーとモーター製造のための鉱物資源を大量に必要とします。

モーター製造に必要なレアアースであるネオジム、バッテリー製造の原料であるコバルトは、世界において中国企業が圧倒的な生産量シェアを持っています。

例えば、中国が台湾に圧力を掛けたとき、日本や米国はどのように対抗できるでしょうか。「中国からの資源供給が止まると、日本の工場が停止し、産業が壊滅する」という構図では、経済制裁などできません。

つまり、**ガスについてロシア・ドイツ・ウクライナの間で成立している力学が、そっくりそのまま、レアアースについて中国・日本・台湾の間でも成立する**というわけです。同じことは台湾を尖閣に置き換えても当てはまります。

脱炭素一本やりの現行の先進国のエネルギー政策は、独裁政権に力を与え、民主主義の衰退につながります。日本も緊急にエネルギー政策を再考すべきです。

以上の提案のポイントをまとめておきます。

〈日本がとるべき「戦時」のエネルギー政策〉

1. 現状分析

- ロシア排除により、世界的な石油・ガス逼迫と価格高騰が続く
- 石油・ガス価格を低下させるならば、G7の国力を高め、ロシア経済には打撃を与えること

ができる

2. 欧米のとるべきアクション

・石油・ガス・石炭・原子力の増産をすること

3. 日本のとるべきアクション

・原子力再稼働
・石炭火力フル稼働
・コスト増になる再エネ支援の停止（工場・家庭のエネルギーコスト低減のため）
・EV等による中国依存の軽減
・脱炭素のモラトリアム（一時停止）

結論：「戦時」のエネルギー政策には「脱炭素モラトリアム」が必要。原子力と石炭火力を最大限利用する一方で、コスト増になる再エネ支援を停止すべき。これにより国内ではエネルギーの安定・安価な供給を実現しつつ、独裁国家に対する民主主義国家の勝利に寄与できる。

独自の石炭戦略で活路を見いだせ

日本は「戦時」のエネルギー政策として「石炭火力をフル活用すべき」なのですが、国内では相変わらず石炭火力発電への風当たりが強いという現実があります。本章の冒頭でも述べた通り、世界各国がすでに石炭火力を〝復活〟させる動きを見せ始めているにもかかわらず、日本はその波に乗り遅れています。

しかし、そもそも日本は、世界のトレンドがどうであれ、石炭火力発電を内外で堅持しなければならないのです。

以下にその理由を述べ、今後の日本の石炭利用の戦略を提案します。

I. エネルギー安全保障のための石炭火力

数年前の話ですが、ある大手新聞で某大学教授が「石炭も輸入するから石油や天然ガスと同じでエネルギー安全保障には寄与しない」と発言している記事を読んで、筆者は驚きました。〝自称専門家〟の大学教授も、彼女に取材をして記事を書いた大手新聞の記者も、エネルギー政策の初歩すらまともに知らないことにあきれ果ててしまったのです。

そもそも日本が石炭火力発電の拡大を始めたのは、1973年のオイルショックを受けてからのことでした。当時日本の一次エネルギー供給の76％、電力供給の73％は石油に依存していました。そこに中東の政治的・軍事的緊張による石油供給逼迫と価格高騰の波が押し寄せ、日本のエネルギーの安定供給に大きなリスクが存在したことを思い知らされたのです。この状況を打開するため、「エネルギー源の多様化」の一環として、天然ガス火力、原子力と並んで導入されたのが石炭火力でした。

これにより、日本の一次エネルギー供給の石油依存度は約4割まで下がりました。しかしなお、石油の9割、また天然ガスの2割は中東に依存しており、政治的・軍事的緊張によっては供給が急減する恐れがありました。いざというときに最低限の電力供給を続けるためには、石炭火力発電が不可欠です。

あるいは、量としての供給は続いても、石油と天然ガスの場合、価格が連動して高騰する傾向があります。その点、石炭の価格は低く安定していました。つまり、石油・天然ガスの価格高騰時に、共に電力価格が高騰するのを避けるためにも、石炭火力は不可欠なのです。

石炭は、価格面のみならず、供給の安定性においても優れています。

火力発電に用いる石炭である「一般炭」の主な供給国は、政治的に安定した豪州です。これに加えて、インドネシア、ロシア、米国、カナダ等、多様な供給国から輸入されています。中東依存度はゼロになっているのです。

これらを踏まえ、**「石炭火力発電は日本のエネルギー安全保障に不可欠」**ということは、エネルギーや温暖化対策を論じる人なら誰でも知っている基礎知識だと筆者は思っていました。しかし、どうやらそれが大間違いだったことを先の新聞記事で知ったのです。

筆者だけでなく、経産省も産業界も電気事業者も同じ間違いを冒していると思います。ともすると、「3E＋S」（安全性〈Safety〉を大前提として、自給率〈Energy Security〉、経済効率性〈Economic Efficiency〉、環境適合〈Environment〉を同時達成するべく取り組みを進めていくという、日本のエネルギー政策の基本方針）や「ベストミックス」（火力・水力・原子力などの電源方式をそれぞれの特徴に基づき最適なバランスに組み合わせること）という言葉が政府文書に入っていれば、それをもって良しとしてしまい、その基礎となる説明をあまり書き込んできませんでした。簡略なキーワードは、よく分かっている人の間でコミュニケーションをするには便利なものですが、丁寧に繰り返し説明しないと、幅広い聴衆には全然響きません。実際、自称専門家の教授も大手新聞の記者も全然分かっていなかったのです。

まず関係者は、**石炭火力の基礎知識に関する情報発信を強化するところから**始めなければなりません。

Ⅱ. 途上国の持続可能な経済開発のための石炭火力

安価で安定した電力供給は経済開発のために必須です。経済開発は、貧困撲滅、衛生状態の改善、教育、医療の充実など、あらゆる人道的な目標の達成のための基礎となります。石炭火力には、この一角を担う重大な使命があるのです。これを先進国が独りよがりな論理で途上国から取り上げるとすれば、それは犯罪に等しい行為だといえます。

一方で、「石炭火力ではなく、再生可能エネルギーにすることで、経済的便益を得つつ、大気汚染も軽減できる」という主張もあります。しかし、それはごく稀な状況でしか起こりません。アジア・アフリカの多くの途上国では、石炭火力の方が圧倒的に経済的であり、かつ環境にも十分に優しいのです。

また、「石炭火力の大気汚染でX万人が死亡する」といった意見もありますが、これについては次の4つの点から考える必要があります。

①大気汚染は対策技術ができ上がっているので、問題なく対処できる。
②こうした数字は疫学調査によっているが、根拠や論理の不確実性が極めて大きい。
③電化による環境便益は極めて大きいので正当に評価すべき。
④電化には莫大な経済便益がある。

③について少し補足しておくと、例えば電気がなくて屋内で火を焚くと、室内大気汚染もひどくなります。大気汚染による史上最大規模の公害事件として知られるロンドンのスモッグ

（1952年に発生し、1万人以上が死亡）はそれが原因で起きました。さらに、火を焚くために薪を採集すると森林などの環境劣化を招きます。これはアフリカの随所で起きていることです。

先進国でも過去にはひどい大気汚染を経験しました。しかし、石炭や石油といった安価なエネルギーを使い発電することで、大きく経済発展し、結果として人々の寿命は延び、健康になっています。

念のため言っておきますが、筆者は、**大気汚染を放置してよいと主張しているわけではありません**。既存の技術でほぼ完全に対処できるのだから、そうすべきだと言っているのです。その上で、電力が安定安価に供給される便益こそ、もっと適切に評価すべきだと言いたいのです。電力は産業の発展に不可欠です。

筆者はミャンマーに行ったことがあります。縫製工場では、薄暗いところで女性の従業員が懸命にミシンを使っていました。ざっと見て500ルクス（lx：照度の国際単位）ぐらいでしたが、細かい作業を長時間するのだから、1000ルクスぐらいの明るさにした方がよさそうだと思いました。薄暗いので目が悪くならないか心配でしたが、電気代を節約しているのだそうです。さらに、工場長の話では、停電が毎日何度もあり、そのたびに作業が中断するとのことでした。

その後、港に行くと丸太が積んでありました。中国に輸出して家具に加工するとのことでした。ミャンマーの人は勤勉なのになぜ自分たちで木材加工をしないのか、と疑問に思ったのですが、電力が安定供給されないので、加工工場を建てられないとのことでした。

筆者はたびたびこういった話を思い起こし、また、貧しい人々が、あばら家から満員のトラックの荷台に乗って通勤し、懸命に働く光景を思い出します。だからこそ、先進国が〝独りよがりの論理〟で彼らから石炭火力という選択肢を奪うことには憤《いきどお》りを感じるのです。

途上国には、何が「持続可能な開発」に資するのかを自分で決める権利があります。

そして、このことを制度化することで、世界中の事業者にとって、安定した事業環境のもとで石炭火力を推進できるようになるでしょう。

ここで言う「制度化」とは、例えば国の計画や法令において、石炭火力発電が当該国の「持続可能な開発」に寄与するという位置づけを明確にして、事業が円滑に進むよう規定を整えることを指しています。

Ⅲ．自由と平和のための石炭火力

日本をはじめ先進国が石炭火力事業から撤退すると、その間隙の多くは中国が埋めることになります。それは、かつてダム事業でも起きたことです。

石炭火力のような大きなインフラ案件というものは、単なる商売とは一段違う、国際政治上の意味合いがあります。そこではトップレベルの政治家や官僚の信頼関係が醸成され、事業者や労働者が国際交流を深めます。これにより二国間の関係が強くなります。日本はきちんとインフラ整備に寄与することで、途上国からの尊敬を勝ち得て、諸国と親交を結ぶことができるのです。

そのためには、当該の途上国が望む事業であれば、できる限り前向きに取り組むことが望ましいと言えます。

石炭火力事業だけを何が何でもやれと言っているわけではありません。当該途上国の資源賦存状況や経済状況において、そのさらなる経済開発に資するために、もしも石炭火力事業として魅力あるものを日本が提案できるのであれば、それは実施すべきだろう、ということです。

もしも当該途上国が真に石炭火力事業を欲しているときに、「それは我が国の方針ではない」

と言って対応しないのであれば、二国間の関係にとって損失となります。

もしも当該途上国が日本ではなく中国の事業者を選んだのであれば、それはその国と中国の関係が一歩深まることを意味します。中国はその国の政治・行政・民間レベルへの影響力を高め、その国は親中的な立場をとるようになるでしょう。これは中国が一帯一路政策で狙っていることそのものです。わざわざその手助けを日本がしてよいのでしょうか。

日本は、インフラ事業を通じて、アジアをはじめ諸途上国と親交を結び、その経済発展が自由で平和なものになるよう支援すべきです。

そのためには、日本は、石炭火力を含めてメリットある選択肢を示すことに徹し、何が「続可能な開発」に資するかの判断は、当該国の判断に任せるべきです。

Ⅳ. 温暖化対策としての電化に寄与する石炭火力

石炭火力に対する批判として「現時点で石炭火力が存在すると、それが長期にわたりCO_2排出を続け、長期的な温暖化対策を妨げる」という意見があります。しかし、これは誤りです。

日本の国全体のCO_2排出の3分の2を占める化石燃料の直接燃焼を電気利用で置き換えて

いかない限り、CO_2の大幅削減は原理的に不可能です。電気利用技術が、公正な条件のもとで市場において競い合い、優れたものが普及していくためには、電力価格の高騰は避ける必要があります。

性急に電気の低炭素化を図るあまり、オール電化住宅の給湯や暖房に使うヒートポンプや電気自動車などの電気利用技術のイノベーションが遅れるようでは、元も子もありません。「角《つの》を矯《た》めて牛を殺す」とはこのことです。そうならないよう、電力価格を抑制することも重視しなければなりません。今日の日本の状況においては、安価な石炭火力発電を利用することは、重要な手段なのです。

長期的な温暖化対策において、「電化」と「電気の低炭素化」は両輪であり、どちらも長期的な視点に立って進めていく必要があります。電力価格を抑制することで、イノベーションを促進しつつ電化を進める一方、電力価格が高騰しない範囲内に限定する形で、電気の低炭素化を進めることが望ましいでしょう。

Ⅴ．設備利用率の変化でCO_2の大幅削減は可能だ

「2050年までに大幅にCO_2を削減するために、直ちに石炭火力をやめるべきだ」という意見がありますが、これも正しくありません。というのも、「設備がある」ということと、「CO_2が排出される」ということは等価ではないからです。設備利用率（発電設備の平均出力のこと。例えば定格出力の80％で一年の50％だけ稼働させると、設備利用率は40％と計算される）は状況によって大きく変わります。

日本は2030年まで、石炭火力を一定程度維持する方針を打ち出していますが、これは妥当だと思います。この方針は、2050年までに大幅なCO_2削減をすることとまったく矛盾しません。もしも情勢の変化があれば、石炭火力の設備利用率を下げることにより、容易にCO_2を大幅削減できます。「情勢の変化」としては、例えば以下のようなことが考えられます。

①シェールガス採掘技術が一層進歩し、また液化天然ガス（ＬＮＧ）市場が国際的に成熟して、より安定安価にＬＮＧが供給されるようになる。

②原子力の再稼働・新増設が進み、電源構成における比率が増す。

③太陽光発電とバッテリーのコストが大幅に下がり、安価安定な主力電源となる。

④中国が民主化し、中東が安定化して、地政学的な緊張がなくなる。

「そんなバカなことがありえるか？」と思われるかもしれませんが、2050年までということなら、さまざまな可能性があります。2050年を待たずとも、①から④のうちどれかが起きれば、そのときは石炭火力の設備利用率を下げてCO_2を減らすことも選択肢になります。そして、①から④のどれも起きなければ、そのときは、石炭火力の設備利用率を維持し、利用を続ければよいのです。

実は設備利用率を大きく下げることについては前例があります。

日本は、1973年当時には石油火力に電力量（kWh）の73％を頼っていましたが、これは震災前の2010年には9％まで低下していました。この間、設備容量はそれほど減っておらず、今でも石油火力の方が石炭火力より多いほどです。

石油火力による電力量が9％まで低下した理由は、ピーク電力対応に回り、設備利用率が大幅に下がったためです。

設備利用率が下がるといっても、決して無用になったということではありません。ピーク電力への対応のみならず、不安定な再エネのバックアップや、非常時対応など、電力系統の安定のために重要な寄与をしています。

石油火力があったから、東日本大震災後の電力供給不足も乗り切ることができました。石炭火力も、同様な緊急時対策の役割も担うことができます。

アジア諸国では、当面は石炭火力が主力の国が多いのですが、これも2050年における大幅な排出削減と矛盾はしません。執筆時点では世界的なエネルギー危機で混乱状態にありますが、長期的なトレンドとしては、アジア諸国では旺盛な電力需要に対応して、石炭火力も増えているが、それ以外の発電設備も増えています。

もちろん、将来の状況によっては、かつての日本の石油火力と同様に、アジア諸国も石炭火力の設備利用率を下げることが選択肢になるでしょう。しかし、いま石炭火力が経済開発のために必要なら、当面はそれをフル活用すればよいのです。**CO_2削減は後からでもやろうと思えばできます**。電力系統と火力発電の組み合わせというのは柔軟なシステムなのです。

Ⅵ．ＣＣＳ＆バイオの技術開発のための石炭火力技術

日本は、石炭火力における高効率化・大気汚染対策等の技術については世界有数の国です。ところで、温暖化問題への対応としては、バイオエネルギーの活用やCO_2回収貯留技術（ＣＣＳ）に期待が寄せられています。筆者が強調したいのは、これらはいずれも石炭火力発電技術がベースとなって開発される、という事実です。

石炭火力発電では、世界各地で産出されるさまざまな石炭の種類に対応し、ガス化技術、燃焼技術、排煙処理技術等が研究されてきました。「バイオ燃料」と一口に言っても実にさまざまで、一つひとつのガス化方法や燃焼方法を研究しなければ商業的な活用に辿りつくことはできません。そのための燃焼試験設備、計測機器、シミュレーションのソフトウェア、そして研究チームや研究者などの人材は、実は火力技術の研究開発からの転用であることが多いのです。これはＣＣＳ技術も同様であって、プラントの設計にあたっての要素となる技術や必要な人材は火力発電とほぼ共通です。筆者は個人的にバイオ発電やＣＣＳ発電の技術開発にあたっている研究者を多く知っていますが、いずれも出自は火力発電技術者です。

以上のことが意味するのは、いま日本が石炭火力発電技術を失うと、バイオ火力やＣＣＳな

ど、温暖化問題への地球規模のソリューションを生み出す力をも失う恐れがある、ということです。

まだバイオ火力やCCSは、それ自体では技術者集団を維持できるほどの規模はありません。まだコストが高くて利用規模が限られるからです。したがって当面は石炭火力で技術者集団を維持することが基本になります。このためには内外に一定の市場が維持されることが望ましいのです。

Ⅶ. 提言

最後に、以下の4点に絞って提言をまとめておきます。

①CO_2はエネルギー問題における唯一の課題ではない。日本は、安全保障上の理由から、電力の安定供給を確保するために石炭火力発電が当面は一定量必要と判断しているわけだから、それをきちんと対外的にも説明すればよい。エネルギーをアキレス腱《けん》とする日本が、エネルギー政策の舵取りを間違えて脆弱な国になり、自由・民主・平和といった普遍的価値の「東

アジアにおける砦」でなくなる事態は、欧米も望まないだろう。

②個々の民間事業者は、石炭火力への逆風に屈しやすい。それでも石炭火力を続けるためには、日本政府の方針がぶれないことが重要である。日本は、エネルギー安全保障ないし国家安全保障といった国益の観点から、内外の石炭火力発電を維持する必要があるのだから、国は政策・制度環境を整え、民間が安心して事業に取り組めるようにしなければならない。

③その一環として、国は、石炭火力が経済開発に資すると考える途上国に働きかけ、その旨を明確に制度化してもらうことが望ましい。

④日本は石炭火力をどう位置付け、どう活用するのか、エネルギー安全保障・国家安全保障・CO_2削減を包含した国レベルでの「日本の石炭戦略」の策定が必要だ。

"亡国"のグリーン成長戦略を今すぐ見直せ！

現在、日本は「2050年までにCO_2ゼロ」という目標を実現するために「グリーン成長戦略」（正式名称「2050年カーボンニュートラルに伴うグリーン成長戦略」）を掲げています。再生可能エネルギー（グリーン・エネルギー）を導入・拡大しながら、そのエネルギーシフトに伴う投資・技術革新等で経済も成長させて、２０５０年までに「カーボンニュートラル」（CO_2などの温室効果ガス排出を全体としてゼロにすること）を達成しようというプランです。２０２０年10月に当時の菅政権が「２０５０年カーボンニュートラル」を宣言したことを受けて、翌２０２１年６月に発表されました。

しかし、現状を踏まえると、**カーボンニュートラルという目標を達成することは極めて困難**というほかありません。それどころか、同戦略を実施に移すとなると、深刻な社会的悪影響が起きることは必定です。根本的な政策変更が求められます。

では、どのような成長戦略なら現状に即したものになるでしょうか？

その核心は**「現実的な時間軸の設定」と「原子力の活用」**です。

現行のグリーン成長戦略を見ると、２０５０年時点において、①電力部門においては脱炭素電源を活用し、②非電力部門においては電化を進め、電化できない部分については、水素、メタネーション、合成燃料、バイオマスなどのCO_2排出のない燃料を用いて、③それでも発生するCO_2についてはＤＡＣＣＳ（大気からCO_2を回収して地中に処分する技術）や植林で

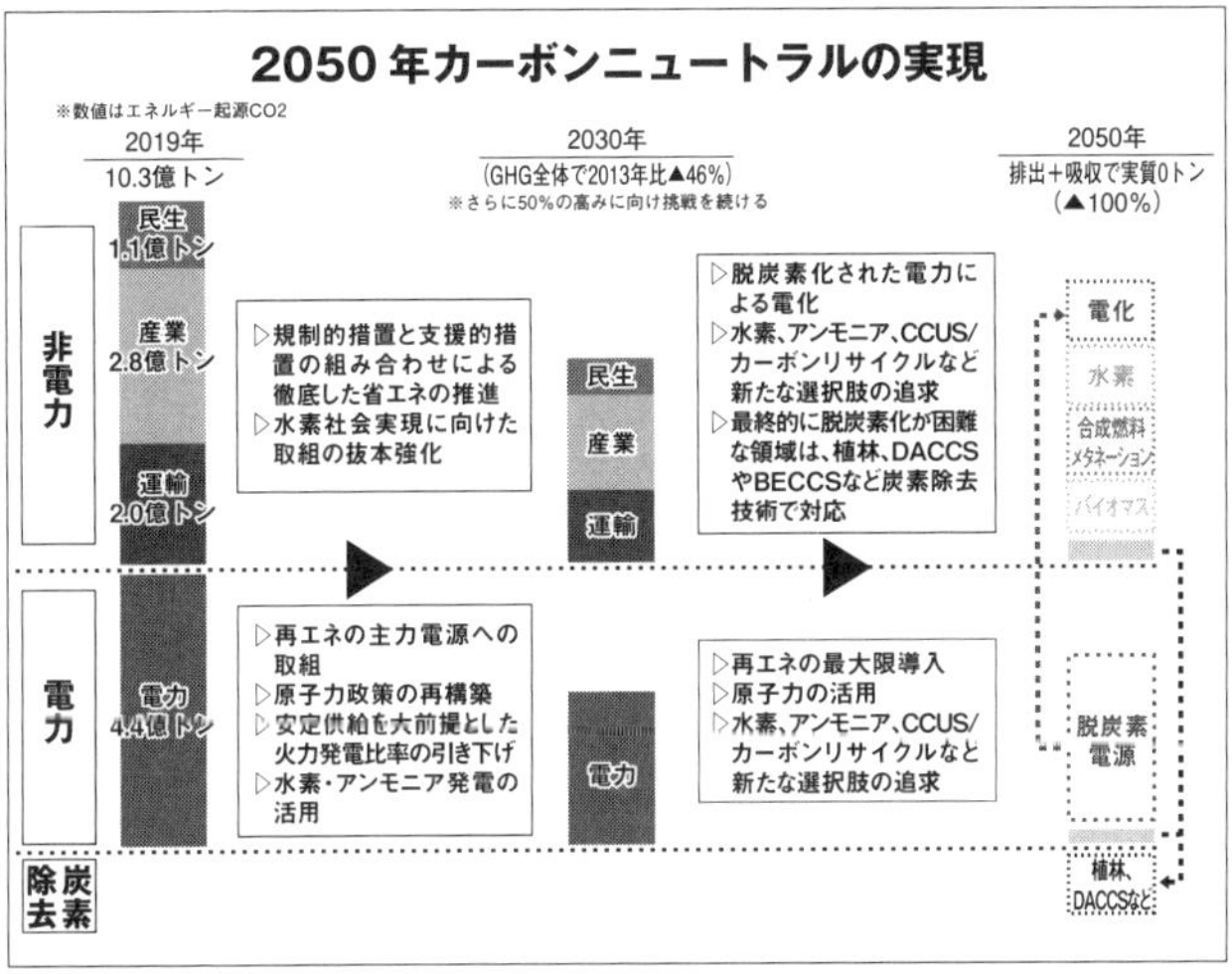

出典：令和３年６月18日策定「グリーン成長戦略（概要）」より
https://www.meti.go.jp/policy/energy_environment/global_warming/ggs/pdf/green_koho_r2.pdf

相殺する、としています（上図参照）。

しかし、ここで列挙された技術のうちで、技術的にすでに確立して経済的に導入可能と見込まれるものは原子力と一部の電化にとどまります。

他の技術はいずれも、未熟な技術であって研究開発段階に過ぎないものや、あるいは再生可能エネルギーのように高価なものばかりです。**これらの未熟ないし、高価な技術が大量導入されるとなると、その経済的な悪影響は甚大になります。**

これに関して、日本には「悪しき前例」があります。

すでに述べたことですが、いま政府は、太陽光発電等を大量導入するために、再生可能エネルギー賦課金として年間2・4兆円を毎年徴収しています。しかし、これによるCO_2削減の効果は2・5％に過ぎません。1％のCO_2を削減するのに1兆円もかけているのです。

もう同じ轍《てつ》を踏んではいけません。この調子で100％のCO_2削減など目指せば、大変な〝災厄〟になります。

より現実的な日本の戦略としては、①原子力を最大限活用すること、②経済的な範囲で電化を進めることを優先すべきです。そして、長期的には、③技術開発を進め、経済性を有するようになった技術を導入していくべきでしょう。

原子力を「国策」として推進すべし

まず直ちに取り組むべき課題として、発電部門については、安価で安定な電力供給を実現しなければなりません。

これにより、競争力のある電力供給を実現し、日本の産業部門を活性化することができます。

のみならず、電気料金を抑制することで、家庭部門および業務部門の電化を促進できます。

これまで日本は電力価格を高くするような政策ばかり実施してきました。それでは電化が進むはずがありません。電力価格は低く抑えねばならないのです。


今の日本の電力市場は複雑怪奇なものになっています。多くの官製「市場」が導入され、制度変更は果てることなく続いていて、投資回収の予見可能性が低くなっています。

その中にあって再生可能エネルギーは手厚く優遇され、大きなコスト上昇要因になっているのみならず、火力・原子力発電事業の収益性を低下させています。

電力価格を抑制するためには、電力市場の歪《ひず》みを取り除かねばなりません。

再生可能エネルギーへの優遇措置を全廃した上で、再生可能エネルギーが電力系統へ与えている負荷については「応分の負担」を求める必要があります。

日本をとりまく現在の地政学的状況においては、天然ガス火力発電、石炭火力発電は、いずれもエネルギー安全保障の観点から一定の割合を維持しなければなりません。長期的には、原子力発電の増大に伴って、これら火力発電の設備利用率は低下し、CO_2排出量も減少します。

そのためにも、**政府は原子力を「国策」として明確に推進する必要がある**のです。

その際には、政府のファイナンスも活用して、予見可能性のある形で原子力事業が実施できるようにすべきです。

まずは既存原子炉の再稼働を進め、ついで運転期間の60年、80年への延伸、新増設を進めます。また、外部動力がなくても安全に停止するパッシブ安全技術等を用いた革新型原子炉を導入します。

重要な技術開発としては、小型モジュール炉（ＳＭＲ：Small Modular Reactors／従来よりも小型で安全性が高く、簡易な建設も可能な次世代原子炉）、および核融合炉（核分裂反応のエネルギーを利用する従来の原子炉に対して、核融合反応で生じるエネルギーを発電などに利用する装置）があります。

原子力を活用し、経済的な電化を進めることで、現状の技術においてもCO_2をほぼ半減することが可能でしょう。

長期的には、運輸部門や産業部門における脱炭素化は、技術開発を伴うさらなる電化の推進、および原子力による水素供給によって挑戦します。

グリーン成長戦略に掲げられているさまざまな技術がいつ導入されるかは、基礎的な技術開発の成否にかかっています。経済性を有するようになれば導入すればよいのですが、まったく予断はできません。これらの技術は、実は30年以上前から取り組んできたものばかりなのです。科学技術は全般に進歩しているので、今後30年の間にブレークスルーが現れ、普及が進む可能性はあります。それゆえ、研究開発を進めることは結構なのですが、過度な楽観論は根拠がありません。

例えば、電気自動車についてはどうでしょうか？

電気自動車はいまだ高価なので大量導入すべきではありません。しかし、バッテリーの技術革新があれば、運輸部門の半分を占める乗用車は経済的に電化され得ます（トラックの電化は乗用車より普及の敷居は高くなります）。

このようにバッテリーの技術革新が実現可能かどうかは予断できませんが、研究開発に取り組む価値はあるでしょう。

「気候危機説」が〝万が一〟本当だとしても原子力の活用と電化でクリアできる

今の政府のグリーン成長戦略のままでは、膨大なコストがかかり、人々の生活水準が著しく低下します。社会は不安定となり、最終的には脱炭素にも失敗します。

筆者の提案する戦略では「2050年まで」という目標期限を達成することはできません。しかしながら、**日本社会を不安定にすることなく、十分に迅速かつ継続的にCO_2排出量を削減することはできます**。技術開発に伴い、経済的に魅力ある手段が増えれば、CO_2排出量をさらに削減することもできるでしょう。

これは従来のユートピア的な脱炭素化のシナリオではなく、現実的なシナリオです。日本の経済力を高め、安全保障を強化するものにもなっています。革新炉、SMRや核融合の技術を確立すれば、重要な輸出産業にもなるでしょう。

さて、以上は「最終的にはCO_2ゼロを目指す」という前提を置いた場合の提案です。

これまで述べてきた通り、筆者は、「CO_2濃度が高くなり続けると世界が破滅する」という気候危機説は誤りであると考えており、そもそもCO_2排出ゼロが必要だとは考えていません。しかし、「もしも、どうしてもCO_2排出ゼロを目指すならば」このような方法が適切だと考えて提案しているのです。

けれども実は、**世界のCO_2は、半減できればそれだけで十分**なのです。

いま人為的CO_2排出量の半分に相当する量は、陸地や海洋が自然に吸収しているので、もしもCO_2排出が半減できたなら、CO_2濃度の増加自体が止まります。そうすると、地球温暖化を心配する必要はまずなくなります。

気候危機説が〝万が一〟本当だとしても、世界のCO_2を半減できれば十分なのです。そのためには、既存の原子力の普及について、新型原子力、SMR、核融合発電を2100年に向けて順次実現してゆけば十分であって、「夢物語」のような他の技術は必要ありません。

核融合は「乾坤一擲」の前倒しプランで中国に勝て

政府は2023年春を目途《めど》とした「核融合戦略」策定の検討を始めています。次世代エネルギーとして期待される核融合研究開発へ、民間投資の呼び込みやベンチャー企業の参加が期待されているようです。しかし、これではまったく物足りない。政府がやるべきことは別にあります。

まず核融合発電について簡単に説明しておきましょう。

水素のような軽い原子核同士が融合して、ヘリウムなどのより重い原子核に変わることを「核融合」と言います。核融合が起こると、非常に大きなエネルギーが生じます。それを発電に利用しようというのが核融合発電です。太陽も水素の核融合のエネルギーで燃えていることから、核融合の研究は「地球上に小さな太陽をつくる研究」とも言われています。

たゆまぬ技術開発により、太陽のエネルギーを再現する「核融合」は、いまや夢物語などではなく、手の届く技術になりました。設計・材料・制御などの主要な課題はすでに解決の見通しが立っています。後は実証を積み重ねてゆくだけです。

いま日・米・露・中・韓・印の6カ国＋1地域（ＥＵ）の国際協力で、核融合実験炉ＩＴＥＲ（イーターと発音）の建設がフランスで進んでいます。完成は２０２０年代後半で、２０３５年にはフルパワーとなる50万キロワットの熱出力を計画しています。これは20～25万キロワットの発電出力がある火力発電所と同じくらいの規模です。

つまり、**我々が普通に見ている火力発電所並みの大きさの核融合炉がいよいよ誕生**するというわけです。

ＩＴＥＲの建設コストは、２兆５０００億円前後とされています。さらに実用化前には２兆円ほどかけて発電を試す「原型炉」を造る必要があります。

「そんなに高額で実用になるのか？」という心配はごもっともです。しかし、これはいくつもの方法を試し、性能を確認する「実証」のためのコストです。実用段階になれば、発電コストは既存の原子力発電と比べてもまったく遜色がない「キロワット時あたり10円」と推計されています。

もちろん、これはいくつかの仮定をした上での数字です。しかし、肝心なのは、「核融合は高くつく」というのは、あくまで実験段階だけの話だということです。そこさえ乗り切れば、実用段階では核融合炉は安くできます。そして、実用化すれば、安価でCO_2を出さず、ほぼ無尽蔵（核融合発電の燃料は海水から採れる）な発電技術が手に入るのです。

安全性を心配する声もあるかもしれませんが、核融合炉は原理的に安全です。既存の原子炉で用いる核分裂反応は、起こすのは簡単ですが、止めるのに失敗すると、炉心溶融による事故が起きえます。一方、核融合は、起こすのは難しいのですが、何かあるとすぐ反応が止まってしまうので、核分裂のように、反応が止まらず温度が上がり続けることは起こりません。それに加えて、長期にわたり強い放射性を持つ高いレベルの廃棄物の量が少ないという利点もあります。

また、原子力発電は、それを隠れ蓑《みの》にして核武装を企てる国があるので、核不拡散に気を遣わねばなりませんが、核融合にはその心配もありません。

なお、最近では「プラズマを小型化する研究などの〝新しいアイデア〟によって小型の核融合炉が可能になり、数年先には実用化できる」といった報道も散見されますが、残念ながら、それほど事は簡単ではありません。

核融合には、超伝導コイル、プラズマ、排熱部といった要素技術があり、このすべてを組み合わせると必然的に普通の原発ぐらいの大型のものになります。「新しいアイデア」というのは、大抵《たいてい》はこの一部の改善案にとどまり、大型の原型炉が不要になることはありません。むしろそれらのアイデアは大型の炉を改良してゆくためにこそ有益になります。

宇宙開発における民間企業「スペースX」の成功は、ＮＡＳＡ（米航空宇宙局）のアポロ計画やスペースシャトル計画で開発した技術があったからこそ実現しました。核融合開発では、ＩＴＥＲやそれに次ぐ原型炉が、宇宙開発でのアポロ計画にあたります。これは予算規模が大きく、時間もかかることから、国家が投資するほかありません。ここに、政府にしか果たせぬ重要な役割があるのです。

詳しくは後述しますが、いま日本政府は、国債を発行して20兆円を調達し、向こう10年程度で脱炭素技術に投資する方針を検討中です。しかし、そこで列挙されている技術は、万事うまくいったとしても相当なコスト高のものが多いと言えます。

それよりも核融合に投資すべきです。

原子力に依存せず、再生可能エネルギーなどで脱炭素を進める場合、２０５０年の発電コストは「キロワット時あたり25円」にのぼると日本エネルギー経済研究所は試算しています。

それに比べると、発電コストが10円の核融合炉は魅力的です。

柏崎刈羽7号機と同じ１３６万キロワットの出力であれば、年間合計で１８００億円もの差になり、15年間でその差は優に2兆円を超えます。原型炉2兆円の開発費用もすぐに元が取れるというわけです。

核融合が実現すれば、脱炭素問題もエネルギー問題もすべて解決します。これはなんとしても日本の手で成し遂げ、新たな基幹産業としたいところです。

現在の日本の核融合開発に関するロードマップ（原型炉研究開発ロードマップ）は２０１８年に文部科学省が決定したものです。２０２５年頃に原型炉に向けた準備開始の判断、２０３５年頃には原型炉建設段階への移行判断という2つのチェックポイントがありますが、これは前倒しできます。**直ちに着手し、政府が投資して、すべての要素技術の開発を加速すればよい**のです。

日本は、重電産業・プラント産業・情報産業など、必要な技術を幅広く有しており、単独で核融合を開発できる稀有な国です。だからこそ、原型炉の建設は大幅に前倒しして２０３０年代初めとし、２０４０年には原型炉での発電実証をする、というくらいの「乾坤一擲《けんこんいってき》」の計画がほしいところです。そこではＩＴＥＲおよび今年運用開始予定の国産実験炉ＪＴ－60ＳＡの開発を通じて得た膨大な知見を活用できます。そして、２０５０年には商用炉の建設を始めるのです。

世界ではいま中国が先行していて、2030年代には原型炉で発電実証をする計画です。「ITERなどの経験を活かして、原型炉に巨額の投資をし、実用化を目指す」という〝王道〟を着々と歩んでいます。日本や欧米が2兆円という金額にたじろいで、安上がりに済ますアイデアばかり追い求めているうちに、〝逆転〟されつつあるのです。

このままでは、核融合が中国の進める経済覇権構想「一帯一路」の切り札になってしまいます。日本は巻き返すだけの技術力はありますが、一刻の猶予もありません。今が決断のときなのです。

政府が目論む「環境債」の憂鬱

岸田文雄首相肝いりの「グリーン成長戦略」では、「脱炭素」技術のイノベーションを促し、「経済成長と環境対策を両立させる」ための原資として、「GX経済移行債」（通称、環境債。GXとはグリーントランスフォーメーションの意）なる国債を20兆円発行し、将来は環境税や排出量取引などの「カーボンプライシング」（炭素に価格を付けることで排出者の行動を変えさせようとする政策手法）で償還するとされています。それに加えて、130兆円の民間投資を「規制と支援を一体として促進する」とし、官民合わせ10年間で150兆円を投資して「脱炭素による経済成長」を目指す、とのことです（参考：政府のGX実行会議ホームページ https://www.cas.go.jp/jp/seisaku/gx_jikkou_kaigi/index.html）。

「投資」といえば聞こえがよいのですが、その原資は「国民の負担」です。「カーボンプライシングで償還する」とはつまり、炭素税の税収か、あるいは政府による排出権の売却収入で償還するということであり、**「エネルギーに税金をかける」と宣言している**ようなものです。

また、「130兆円の民間投資を促進する」といっても、それは太陽光発電の「悪しき先例」と同じで、政府が規制や補助金で強引に誘発する民間投資です。「再生可能エネルギー賦課金」のように、結局は電気料金の上昇を国民が負担するという構図に変わりはありません。しかも、その規模を〝何倍〟にもして、同じ失敗を繰り返そうとしています。そもそも、民間がどの技術に投資するかを政策で決めるというのは、まるで社会主義です。

クリーンエネルギー戦略の項目を見ると、さらなる再生可能エネルギー導入に加えて、電気自動車、水素利用など、既存技術に比べて莫大なコスト増になりそうな項目がめじろ押しです。これを規制で電力会社やガス会社に義務付けたりすると、結局は光熱費に跳ね返ります。国民負担はどこまで増えるのでしょうか。

「脱炭素」に必要な投資が「10年間で150兆円」ということは、年間15兆円という金額になります。現在の消費税率は10％で、税収総額は約20兆円なので、なんと**消費税の7・5％分に相当**します。

こんな大幅な増税を提案すれば、普通なら国民から猛反対されることでしょう。けれども、**「クリーンエネルギー」という〝印籠〟**が冠してあるからか、野党も大手メディアもまったく無抵抗です。

政府はこの環境投資によって経済成長を目指すとしていますが、本当に実現できるのでしょうか。すでに光熱費上昇や物価高に苦しむ庶民の生活はますます貧しくなり、製造業は競争力を失い、経済成長など望めないのではないでしょうか。

現行案では、むしろ巨大な国民負担となり、日本経済が崩壊する懸念が大です。狙い通りの成果が挙がるとは到底思えません。

そもそも政府は、２００９年の民主党政権時代（鳩山由紀夫内閣）から似たような「グリーン成長戦略」を掲げてきました。当時の目玉は太陽光発電の大量導入でしたが、結果として、いま年間3兆円近くの再生可能エネルギー賦課金が国民負担となっています。経済成長どころではありません。

非現実的な〝妄想〟に囚われていては、日本の将来に大きな禍根を残すことになります。

グリーン成長戦略が招く日本の高コスト体質

「グリーン成長戦略」の背景となる典型的な思想がまとまっている記事があったので紹介します。「脱炭素への移行に資金の好循環確立を」と題する日本経済新聞電子版（２０２２年9月15日付）の社説です（https://www.nikkei.com/article/DGXZQODK1557C0V10C22A9000000/）。

脱炭素社会を実現するためには、クリーンエネルギーを使った発電を増やすだけでなく、製鉄など二酸化炭素（CO_2）を多く出す産業の排出抑制がどうしても必要だ。多額の資金も投じなければならない。国や企業、個人のお金を脱炭素社会への移行に回す仕組みを整えたい。

政府の見通しでは、2050年に温暖化ガス排出実質ゼロを目指すうえで、今後10年間で官民あわせて150兆円の投資が必要となる。再生可能エネルギーの普及や蓄電池の開発などを成長戦略と位置づけ、有効なお金の使い方を検討する必要がある。

採算が不透明で民間が負いにくい投資のリスクは、まずは国が引き受け、民間資金の呼び水としての役割を果たすべきだ。新たな国債の発行も選択肢のひとつとなる。償還財源を確保するためにも、CO_2に値付けするカーボンプライシングの議論に早く結論を出し、実行してほしい。（以下略）

どうもこの社説を書いた記者は、「環境債発行→イノベーション→経済成長と環境対策の両立」という政府の図式を本気で信じているようです。

果たしてそんなにうまくいくのでしょうか？

まず、環境債を発行して推進するとされる技術は、その大半が高過ぎて使い物になりません。政府資料にある技術のリストを見ると、①水素を海外から輸入して燃料として使い製鉄する、②海外の水素からアンモニアを合成して輸入して火力発電燃料にする、③海外の水素でメタンを合成して輸入して天然ガスを代替する――などとなっています。

しかし、これらはいずれも、万事順調に技術開発が進んだとしても、既存技術に比べて大幅に高コストになります。

そもそも、海外で生産する水素は再生可能エネルギーで賄うことになっていますが、ただでさえ再生可能エネルギーは高いのに、それで水素を作るとなるとますます高くなります。

また、再生可能エネルギーはお天気まかせなので、水素製造装置の稼働もお天気まかせになり、できる水素はますます割高になります（エネルギー産業において、稼働率の低い工場であれば採算が合わないのは常識です）。

さらに、日本に輸入するためとして水素を液化すると言いますが、これには莫大なエネルギーが必要であり、これもコスト高になります。液化する代わりにアンモニアやメタンにすると言いますが、この化学反応をさせるにはそのための工場が余計に必要になり、ここでもエネルギーを使うのでロスが発生します。

政府資料ではこういった「どうやっても高コストにしかならない技術」について、研究開発するための費用、そして社会実装するための費用まで政府が補助をする、としています。のみならず、でき上がったエネルギーや製品はどうやっても既存のものに比べて高価になるので、その価格差を埋めるための補助金まで出す、としているのです。

もちろん、そんなことをすれば巨額の費用が必要になります。その原資の一部として環境債を発行するとしていますが、その結果できるものは極めて高コストなものばかりです。これでは日本はますます高コスト体質になるので、経済成長に資するはずがありません。

「カーボンニュートラル」信仰が中国に対する競争力をさらに落とす

政府の見解は、「(たとえ国内で高コストであっても) 世界中でその技術を売って儲ければよい」ということのようですが、そんな高価な技術など、いったい誰が使うのでしょうか?

ありうるとしても、日本と欧米の一部しか使わないでしょうし、それも一時のブームに終わるでしょう。

翻って、中国は発電の過半をなお安価な石炭火力が担っているのみならず、原発を拡大して、2030年には世界一の原発大国となろうとしています。中国は安いエネルギーで勝負してきます。これに対して日本のエネルギーが高くなる一方であれば、日本はますます競争力を失います。

いま政府は「2050年に世界のCO_2排出がゼロになる」という地球温暖化対策の国際枠組み「パリ協定」の目標が本当に達成されると愚かにも信じていて、あらゆる政策をその前提のもとで決定しています。それゆえ、**「どんな高価な技術でもカーボンニュートラルならば売れる」という非現実的な妄想**に囚われてしまっているのです。

〝現実〟では、世界中の工場が石油や天然ガスを使ってモノを生産しています。化石燃料の使用を僅か28年後の2050年までにゼロにすることなど、できるはずがないのです。実現可能性のまったくない〝願望〟だけでできた上がった「公式の将来シナリオ」に願掛けをして突き進むことほど危険なことはありません。現実をよく見て、これからどのような将来になるか、さまざまな可能性を考えておく必要があります。

今日の国際的な状況はどうなっているでしょうか？

ロシアと中国は、「独裁主義」対「民主主義」という政治システム間の闘争をＧ７に対して仕掛けています。

この戦いは、困難なものとなるでしょう。

先進国以外のほとんどの国（新興国を含む途上国）は対ロシア経済制裁に参加していません。ロシアからのエネルギーの輸入をむしろ増やしている状態にあります。肥料や食糧の輸入も続けています。

世界の分断は深刻です。各国が一致協力してCO_2をゼロにするなど、夢のまた夢です。

１９９２年の気候変動枠組み条約合意以来、２０１５年のパリ協定合意に至るまで「冷戦は終わり国際協力のもとで温暖化問題が解決される」ということが暗黙の前提になっていました。野心的なCO_2削減目標が設定され、どの国も非常に高いコストを払ってでもそれを実現する、というシナリオになっていました。しかし、そのシナリオは、いまやほとんど現実感がありません。もっとも、今日にいたって非現実性が一層あからさまになっただけで、実はもともと非現実的だったのですが……。

イノベーションの阻害要因は「政府」

そもそもイノベーションを起こすには、「政府」は実施主体として最も向いていません。それというのも、前例に囚われ、誤りを認めず、責任をとらず、政治家の介入を受けるからです。そして特に、技術については、政府は専門知識を有していません。

そのため、技術的なメリットよりも、ますます政治的な思惑や行政の縄張り争いによって、優先順位が決定されがちになります。一部の企業は、この機会に乗じて歪んだ制度を作りだしてそれに乗じて儲けようとします。どの技術が勝者（winner）となり、どの技術が敗者（loser）となるかを政府が事前に決定するやり方は、これまで数々の「政府の失敗」を生み出してきました。

ただし、民間だけではできないこともあるのは事実です。

技術政策論の分野では、①基礎的な研究開発段階については政府が広く薄く予算を付けることは重要であり、また、②技術の実証段階においても一定の補助をすることは有益であるものの、③普及段階に至るまで補助を続けてはいけない、という〝常識〟があります。

普及段階にあった太陽光発電を莫大な再生可能エネルギー賦課金で補助し続けたことは、典型的な失敗例です。先ほども述べましたが、これと同じことを、政府は〝何倍〟にもして繰り返そうとしています。

また、まったく採算の取れる見込みのない技術であれば、基礎研究の支援だけにとどめるべきです。あらかじめその技術の普及のための補助金制度を作るなどということをしたら、莫大な補助金が浪費された挙句、それが打ち切られたとたんにすべてが無駄になります。

筆者は今、日本政府がこの方向に突き進んでいることを懸念しています。

日本が本当に投資すべきものは何か？

本来、日本では赤字国債の発行は禁止されています。同じ国債を発行するにしても、例えば建設国債であれば、建設することで「経済成長によって国民全体に利益がもたらされ、税収も増えるから、やがて税金で償還することで辻褄が合う」という前提があるからこそ発行されます。

同様に、例えば教育への投資であれば国債を発行してもよいと思います。国債ではありませんが、最近設立された大学ファンドのような方向であれば、公的な資金（この場合、主に財政投融資）を投入しても、長期的に国民に還元されるから正当化できます。

では、「環境債」はどうでしょうか？

今の政府の資料を見る限り、そこから育つことになっている技術の多くは、経済成長に資する見込みがほとんど立っていません。ならば国債を発行することは誤りです。「カーボンニュートラル」という理由だけで、どんな高価な製品でも世界がこぞって買ってくれるというのなら話は別ですが、そんな前提は〝妄想〟でしかありません。

政府資料を見ると、環境債の償還は環境税ないしは排出量取引などの「カーボンプライシング」で賄うことになっています。しかし、先ほども述べた通り、これらはエネルギー価格高騰などの形で国民負担となります。産業界は無駄な技術開発にリソースを投入した挙句、やがてはエネルギーコスト上昇に直面します。〝ダブルパンチ〟で経済が疲弊して、イノベーションどころではありません。もちろん産業も衰退してゆきます。

一部の企業は、環境債によるファイナンスを好機とみて、そこでの事業を取りに行き、実際に利益も出すことでしょう。しかし、それは経済全体の〝犠牲〟のもとに成り立っているものです。特殊利益のために全体利益が犠牲になります。経済全体として見た場合、タコが自分の足を食っているようなものです。

そもそも財政赤字が膨らんでいる今、国債を追加で発行すること自体にも議論の余地がありますが、同じ国債を発行するなら、「投資すべきもの」はむしろ他にたくさんあります。前述のように、教育や基礎研究強化は経済成長に資する投資です。防災投資もこのところ慢性的に不足して、各地で被害が出ているので、強化するとよいでしょう。

では国債を製造業のために発行するとすれば、どのような事由があるでしょうか？

いまロシア・中国とＧ７の「新冷戦」が始まり、世界各国はサプライチェーンの国内回帰を進めています。日本も例外ではありません。国債を原資に工場の国内立地のための支援をすれば、経済成長や税収増加に資するでしょう。

また、いま日本は中国の脅威に対抗して防衛費を増額する必要に迫られています。装備の調達を海外企業任せにするよりも、**国内の防衛産業を育てた方が、経済のためにも防衛のために**

もよいことであるのは間違いありません。

軍事研究はこれまで日本ではタブー視されてきましたが、真剣に再考すべきです。かつて日本は防衛産業大国でしたし、今日でも高度な技術力と、潜在的な競争力を有しています。その気になれば**一大産業として復活**できるでしょう。

「何が環境にいいか」なんて2〜3年でコロコロ変わる

元内閣官房副長官補の兼原信克氏が提案しているように、例えば横須賀に1兆円かけて防衛研究開発拠点を造るのもよいと思います。

あるいは、世の中には「でき上がれば極めて有益ながら、規模もリスクも大き過ぎて、どうしても政府でなければできない技術開発」もあります。

前述の核融合はその最たるものです。

核融合は、実現に向けた要素技術のメドはすでに立っているものの、あと2兆円をかけて原型炉を造らねばなりません。ただし、その後は、無限のエネルギーが安定・安価に入手できる可能性を秘めていいます。地球温暖化問題もエネルギー問題も同時に解決してしまうポテンシャルがあるのです。これを国の基幹産業にするためなら、国債を発行してでも一連の技術開発を推進する価値はあるのではないでしょうか。

以上のことは、「環境債」と銘打った枠組みの中でもある程度はできなくはありません。実際に、半導体工場、バッテリー工場、省エネ型工場の国内立地は、今「環境債」で実施される事業の候補にも挙がっています。

しかし、「環境債」と銘打つと、技術開発のためにはどうしても筋が悪くなります。すなわち、「それがどう環境にいいのか？」という説明を求められ、そのための手続きがどんどん増えていくのです。しかも、環境関連の技術は毀誉褒貶《きよほうへん》が激しく、「何が環境にいいか」などということは2～3年でコロコロと変わります。

例えばバイオエネルギーは、数年前はもてはやされていましたが、最近は森林破壊の懸念等によりずいぶん評判が悪くなっています。そもそも、どの技術が環境に良いか悪いかなどということは単純に割り切れないのです。

いま日本に必要なのは、論理破綻している「環境債」ではなく「日本製造債」

太陽光発電にしても、CO_2は少ないかもしれませんが、土砂災害、景観破壊、廃棄物、森林破壊から始まって、中国での強制労働への関与など、いくらでも問題はあります。

バッテリーは環境に優しいのか？　半導体は環境に優しいのか？――「環境に優しいかどうか」なる議論は、続けたい人々からすると無限に続けることができます。

しかも、そのこと自体に利益を見出す人々もいるので、始末に負えないのです。

むしろ、どうせ国債を発行するなら、日本の製造業を復活させるための国債として、「日本製造債」とでも銘打った方がよいのではないでしょうか。

そうすれば、上述のようなサプライチェーンの国内回帰や防衛産業育成などの経済成長に資する投資のために、素直に予算を付けることができます。

もちろん、革新型原子炉や核融合炉など、本当にCO_2削減にも寄与しつつ経済成長にも資する見込みのある技術についても、その中でファイナンスしてやればよいのです。

ちなみに、中国は、製造業こそ国の経済（と軍事）の〝根幹〟だと認識し、「中国製造２０２５」計画を立て、あらゆる政府支援を実施しています。

環境債の原資として環境税や排出量取引が想定されているのも、なにかと問題があります。もちろん前述のエネルギーコスト上昇は深刻ですが、問題はそれにとどまりません。

そもそも現在の日本のエネルギー政策、なかんずく電力政策は破綻しています。

２０１１年の福島第一原発の事故以降、日本の電力政策は毎年改変されて複雑怪奇なものになり、前章で述べた通り、全体の電力需給の調整すらうまくいかなくなって、電力不足が常態化するにいたりました。

排出量取引制度は、ＥＵ（欧州連合）ですでに失敗していますが、一段と電力政策を複雑怪奇にするものです。

環境税にしても、その減免が政治的に決定されるので、シンプルな制度にはなりません。カーボンプライシングは電力を高コストにするだけでなく、ますます電力政策と事業環境を不透明にし、ひいては電力安定供給を妨げます。

もう一つ「そもそも」の話をすると、国債というのは本来、新しい財源を必要とするものではありません。

それを原資に国家の経済成長をもたらし、所得税や法人税などによる税収増をもたらし、一般財源で償還すべきものです。前述の通り、建設国債はこの論理に基づいています。

「環境債」も、その起債によるグリーン投資が、政府の主張するように本当に経済成長をもたらすならば、いずれ所得税や法人税などの税収が増えることになるので、一般財源で償還できるはずです。

ここで政府が、「償還のために新しい財源が必要」と言っていること自体、実は「政府主導のグリーン投資による経済成長など信じていない」という自己否定になっています。すなわち、「環境債をカーボンプライシングで償還」は論理的に破綻しています。

縷々述べてきましたが、とにかく「環境債を国債として発行して、カーボンプライシングで償還する、それによってイノベーションを起こす」という政策は極めて筋が悪い、ということです。

もしも国債を発行するならば、真に経済成長に資するものに換骨奪胎すべきです。そのためにはまず名称を「日本製造債」に変えるのがよいでしょう。

未来の日本のために必要なこと

日本は自由で民主的な国であり、平和です。これこそ、**必ずや子供たちに残したい**ものです。そのためには、**日本は強くなくてはなりません**。この強さには、軍事力のハードパワーだけでなく、ソフトパワーも含まれます。**特に経済力と技術力**は大事です。

最近、バイデン大統領は台湾を防衛する意思を繰り返し示しています。これは台湾に半導体産業が集積し、台湾が米国を含む世界中に製品を供給していることと無関係ではありません。日本も、米国が防衛せざるをえない国であり続けねばなりません。経済が衰退し、技術もなくなれば、米国にとって日本を守る価値はそれだけ失われます。「米国は日本を守ることを躊躇する」と中国が判断するようになれば、日本は一気に危険になります。

強い国になるためには、安定・安価なエネルギーがふんだんに供給されることが必須です。かつて日本は石油の輸入を絶たれ、米国との無謀な戦争に突入し、敗れました。当時の日本では、石油が枯渇し、あらゆる物資が不足しました。対するアメリカは、「物量作戦」で日本を下しました。

いま日本は、脱炭素のためとして再生可能エネルギーを最優先し、化石燃料産業を痛めつけ、自らのエネルギー供給を危うくしています。欧州のエネルギー政策が完全な失敗だったことは明らかなのに、まだその真似事をやめていません。

地球温暖化による災害の激甚化など一切起きていません。ロシア・中国との新冷戦に日本が敗れ、自由、民主、平和といった価値が失われるリスクと、CO_2を排出することによる地球温暖化のリスクを比較するとき、今のエネルギー政策は根本的に変える必要があるという結論になります。

日本は再生可能エネルギー最優先政策をやめるべきです。**東京都の太陽光パネル義務化もやめるべき**です。地球温暖化への取り組み方も、「グリーン成長」という欺瞞《ぎまん》のもとで**経済性のない技術にばかりお金をかけることはやめ、原子力と核融合に舵を切るべき**です。

おわりに

筆者はさまざまな業種の企業経営者や政府幹部とよく議論をします。みな、日本全体での2050年CO_2ゼロなど無理であることはよく分かっています。ある程度の技術と経済の常識があれば当然のことです。

けれども、ここ数年、この議論は日を追うごとに窮屈になってきたようです。はじめは外向けにゼロと言っていれば済んでいたものが、やがて昼間は社内でも「ゼロ」と言わなければならなくなりました。その後には、夜飲んでいるときでさえ、「ゼロは無理」とは言いにくくなってきました。

若い職員の中には、本気で「ゼロにする」と信じる人も増えてきました。はじめは変だな、理屈に合わないなと思っていても、繰り返し同じことを吹き込まれると、人間は結構弱いものです。

同調圧力は強く、自粛警察は怖い。大手企業はほとんどがゼロ宣言をしました。そして肥大化した政府の温暖化対策予算を取りにいきます。まあこれがオトナの対応というものなのでしょう。

だがその結果、全体としてはどうなるでしょう。日本の光熱費は高くなる一方であり、エネルギー供給は弱体化する。やがて中国に飲み込まれ、日本から自由と民主主義が失われる。これだけは避けねばなりません。

筆者はなぜあえてC O $_2$ゼロという政府の方針に立ち向かうのでしょう。

私利私欲だけで考えればこれは愚かなことです。「できます」と適当に同調しておけば、結構な御用学者となって安穏と暮らせるはずです。

けれども、それはしません。

大学時代に筆者は物理に傾倒しました。物理というのは、反骨的な学問です。どんな大先生であろうが、いくら大金を積まれようが、実験結果に合っていなければ、間違いだと正面から言います。物理学の学界にはそんな気風があります。

ガリレオの「それでも地球は回っている」という故事はその象徴です。

天安門事件の指導者で、61歳で獄死した劉暁《りゅうぎょう》波《は》の名著『現代中国知識人批判』では、「中国の学者の根本的な問題は、学問を出世の道具としてしか見ておらず、真実を追求しないことだ」

と断じています。

筆者には、この言が、多くの日本の学者への批判に聞こえます。

２０２２年12月

杉山大志

亡《ぼう》国《こく》のエコ

今《いま》すぐやめよう太陽光《たいようこう》パネル

2023年2月10日　初版発行

著者　杉山大志

杉山大志（すぎやま・たいし）

キヤノングローバル戦略研究所研究主幹。

東京大学理学部物理学科卒、同大学院物理工学修士。

電力中央研究所、国際応用システム解析研究所などを経て現職。

IPCC（気候変動に関する政府間パネル）、産業構造審議会、省エネルギー基準部会、NEDO技術委員等のメンバーを務める。産経新聞「正論」欄執筆メンバー。

著書に『「脱炭素」は嘘だらけ』（産経新聞出版）、『中露の環境問題工作に騙されるな！』（かや書房／渡邉哲也氏との共著）、『メガソーラーが日本を救うの大嘘』（宝島社、編著）、『SDGsの不都合な真実』（宝島社、編著）、『地球温暖化のファクトフルネス』（アマゾン［amazon.co.jp］他で電子版及びペーパーバックを販売中）など。

構　成　吉田渉吾
校　正　大熊真一
編　集　川本悟史（ワニブックス）

発行者　横内正昭
編集人　岩尾雅彦
発行所　株式会社 ワニブックス
〒150-8482
東京都渋谷区恵比寿4-4-9 えびす大黒ビル
電話　03-5449-2711（代表）
03-5449-2716（編集部）
ワニブックスHP　http://www.wani.co.jp/
WANI BOOKOUT　http://www.wanibookout.com/
WANI BOOKS News Crunch　https://wanibooks-newscrunch.com/

印刷所　株式会社 光邦
ＤＴＰ　アクアスピリット
製本所　ナショナル製本

ISBN978-4-8470-7276-5